L'HISTOIRE DE LA CLIMATOLOGIE

www.librairieharmattan.com
diffusion.harmattan@wanadoo.fr
harmattan1@wanadoo.fr

ISBN : 2-296-01660-X
EAN : 9782296016606

Pierre de FÉLICE

L'HISTOIRE DE LA CLIMATOLOGIE

L'Harmattan
5-7, rue de l'École-Polytechnique ; 75005 Paris
FRANCE

L'Harmattan Hongrie
Könyvesbolt
Kossuth L. u. 14-16
1053 Budapest

Espace L'Harmattan Kinshasa
Fac..des Sc. Sociales, Pol. et
Adm. ; BP243, KIN XI
Université de Kinshasa – RDC

L'Harmattan Italia
Via Degli Artisti, 15
10124 Torino
ITALIE

L'Harmattan Burkina Faso
1200 logements villa 96
12B2260
Ouagadougou 12

Biologie, Ecologie, Agronomie

Collection dirigée par Richard Moreau
professeur honoraire à l'Université de Paris XII,
correspondant national de l'Académie d'Agriculture de France

Cette collection rassemble des synthèses, qui font le point des connaissances sur des situations ou des problèmes précis, des études approfondies exposant des hypothèses ou des enjeux autour de questions nouvelles ou cruciales pour l'avenir des milieux naturels et de l'homme, et des monographies. Elle est ouverte à tous les domaines des Sciences naturelles et de la Vie.

Déjà parus

Jacques CANEILL (dir.), *Agronomes et innovation*, 2006.
Gabriel ROUGERIE, *Emergence et cheminement de la biogéographie*, 2006.
Ibrahim NAHAL, *Sur la pensée et l'action. Regards et réflexions*, 2006.
Maurice BONNEAU, *La forêt française à l'aube du XXIè siècle*, 2005.
Alain DE L'HARPE, *L'espace Mont-Blanc en question*, 2005.
René LE GAL, *Comprendre l'évolution*,2005.
Dr Georges TCHOBROUTSKY, *Comment nous fonctionnons*, 2005.
Jean TOTH, *Le cèdre de France*, 2005.
France Pologne pour l'Europe, *Les enjeux de la Politique agricole commune après l'élargissement du 1er mai 2004,* 2005.
Louis CRUCHET, *Le ciel en Polynésie. Essai d'ethnoastronomie en Polynésie orientale*, 2005.
Henri LOZANO, *Le sens des choses. une logique d'organisation de l'univers*, 2005.
Pierre PIGNOT, *Europe, Utopie ou Réalité ?*, 2005.
Pierre DE FELICE, *L'image de la terre : les satellites d'observation*, 2005.
André NEVEU, *Les grandes heures de l'agriculture mondiale*, 2005.
Philippe PREVOST (*Sous la direction de*), *Agronomes et territoires*, 2005.
Claude MONNIER, *L'agriculture française en proie à l'écologisme*, 2005.

Remerciements

Je remercie Monsieur le Professeur R. Moreau
qui a accepté de publier L'Histoire de la climatologie
dans la collection qu'il dirige.

Merci à la bibliothécaire de notre laboratoire
Madame M.C. Lanceau qui a recherché pour moi
plusieurs documents qui m'ont rendu grand service.

Enfin, merci à mon ami et collaborateur Alain Viltard
qui a su donner forme au manuscrit que je lui ai fourni.

P. de Félice

Introduction

Madame il fait grand vent et j'ai tué six loups.[1] Cette lettre du roi d'Espagne Charles II parti chasser à Aranjuez, est adressée à sa femme la reine Marie-Anne de Neubourg restée au Palais à Madrid. Victor Hugo veut faire entendre au spectateur que le roi n'est pas très empressé auprès de celle-ci. Le grand vent mentionné suggère qu'il était banal de parler du temps, sinon à la fin du 17ème siècle, époque où se passe l'action, du moins au début du 19ème siècle, à Paris, lorsque le drame est donné pour la première fois (1838). Si le roi qualifie le vent de grand cela implique qu'il est plus fort qu'à l'ordinaire. Don Carlos se fait météorologiste et climatologiste ; il remarque la perturbation d'un état moyen, ici celui du vent, qui est l'un des éléments du climat. Presque tout le monde, comme le roi d'Espagne, fait de la météorologie et de la climatologie, qui sont certainement les sciences les plus pratiquées par le plus grand nombre.

Dans son *Registre-Journal* couvrant les règnes d'Henri III et Henri IV, Pierre de l'Estoile (1546-1611) décrit bien souvent le temps qu'il fait ou qu'il a fait et les dégâts que cela a entraînés : gel de la vigne et des blés dans la région parisienne, Parisiens morts de froid, maladies qui se sont développées à cause d'une grande chaleur et d'une forte humidité. La mention de ces perturbations du temps montre que l'auteur a la notion implicite d'un temps moyen, c'est-à-dire d'un climat. C'est peut-être parce que le temps change souvent en Angleterre (ce pays se trouve sur ce que l'on désigne aujourd'hui par le *stormtrack**, qui est la trajectoire des perturbations* cycloniques dans

---

[1] Hugo V. *Ruy Blas*, acte II, sc. 3.

l'Atlantique) qu'on y parle si souvent du temps et du climat et pourquoi aussi la *Royal* Meteorological Society* a un si grand nombre d'adhérents. Dans le voisinage de l'équateur où le temps change assez peu au cours de l'année, l'intérêt pour le climat est médiocre.

Les experts chargés par l'Organisation Météorologique Mondiale (OMM) d'étudier ses variations récentes ont donné du climat la définition suivante : ensemble des conditions dominantes du milieu physique de la terre. Dans ces conditions physiques dominantes on inclut l'état de l'atmosphère mais aussi celui de l'océan, le relief et la nature du sol... Je ne traiterai ici que de l'atmosphère et de l'influence des autres conditions sur elle.

La climatologie est souvent considérée aujourd'hui comme une fille de la météorologie ; lorsque les observations furent accumulées sur un temps suffisamment long on put commencer à décrire un état moyen de l'atmosphère, c'est-à-dire un climat. Cependant cette notion d'état moyen est bien antérieure à la météorologie qui dut attendre, pour se développer, que des physiciens et des chimistes aient construit des capteurs et aient acquis les notions d'échelles* d'espace et de temps, indispensables pour comprendre l'atmosphère. Bien avant que l'on fasse des mesures précises avec de bons instruments, des esprits curieux et observateurs s'étaient aperçus de l'oscillation diurne de la température et du vent, dans certaines régions tout au moins. Ainsi Thémistocle, qui commandait la flotte grecque à la bataille de Salamine (480 avant J.C.) sut très habilement utiliser le vent qui se lève régulièrement vers 9 – 10 h dans cette rade, pour infliger une cuisante défaite aux envahisseurs perses dont les lourds navires de guerre, trop rapprochés les uns des autres, manoeuvraient mal dans le clapot. L'oscillation annuelle, principal facteur du climat aux latitudes moyennes et élevées, a certainement été perçue dès que l'on s'est avisé de cultiver et probablement bien avant.

Il est parfois difficile de distinguer météorologie et climatologie. Sutcliffe[2] définit le climat comme une description sommaire des conditions météorologiques pendant une série d'années. Les manuels de météorologie commencent le plus souvent par présenter la structure générale de l'atmosphère (répartitions moyennes de la pression/altitude, de la température, de l'humidité, du vent… sur divers plans horizontaux/isobares et le long de quelques verticales) avant d'aborder l'étude des météores à l'aide des lois de la physique. Cette structure générale fait partie des conditions dominantes qui servent à définir le climat.

Ce livre a pour visée de décrire comment ces conditions dominantes ont été ressenties, découvertes, étudiées et, tout récemment, prédites. Il ne s'agit pas de faire une histoire du climat, très à la mode depuis que l'on s'est aperçu que l'homme risquait de le modifier. De nombreuses histoires du climat ont été publiées récemment, telle *L'histoire du climat depuis l'an mil*[3] ou *L'Histoire du climat*[4], auxquelles nous renvoyons le lecteur que cette histoire intéresse.

Ce livre est divisé en cinq chapitres : la découverte du climat, l'étude du climat actuel, l'étude des climats du passé, les liens (supposés ou établis) entre le climat et l'homme, la prévision du climat.

Dans le premier chapitre, nous rencontrerons des grands voyageurs et leurs découvertes des éléments des climats de la terre, depuis Hérodote jusqu'à Halley. J'arrête cette exploration au début du 18ème siècle car à partir des Lumières le climat a été étudié de façon systématique et raisonnée.

Le deuxième chapitre risque de paraître plus ardu que le précédent. L'étude du climat actuel commence par la mesure des paramètres météorologiques. Cette partie là sera encore facile à lire car je n'ai pas l'intention d'entrer dans une

---

[2] Sutcliffe R. Changes of Climate. *Proceedings of the Rome symposium* 1963 : 277-285.

[3] Le Roy Ladurie E. *L'histoire du climat depuis l'an mil*. Paris : Flammarion, 1967.

[4] Acot P. *L'Histoire du climat*. Paris : Perrin, 2003.

description détaillée des capteurs. Cependant le traitement statistique des séries de données recueillies par ces capteurs nécessite des outils mathématiques probablement peu familiers à bien des lecteurs.

L'étude des climats du passé (chapitre 3) fait appel à des techniques parfois très élaborées qu'il nous faudra décrire.

Le quatrième chapitre traite des liens entre le climat et le comportement humain. Nous y trouverons des médecins comme Hippocrate et Galien, des philosophes, politologues et sociologues comme Montesquieu ainsi que des offices du tourisme, syndicats d'initiatives et promoteurs de stations dites climatiques, vantant les vertus thérapeutiques de leur région.

La prévision des climats est abordée dans le cinquième chapitre. Cette prévision se sert de modèles mathématiques directement inspirés de ceux qui sont utilisés pour prévoir le temps à courte et moyenne échéance. Je décrirai très brièvement ces modèles afin d'expliquer comment on les utilise pour construire les réanalyses* qui servent aujourd'hui de source aux études climatologiques. Je m'étendrai davantage sur la manière dont ces modèles ont été modifiés pour servir à la prévision des climats à des échéances de plusieurs dizaines d'années.

Cette manière d'aborder l'histoire de la climatologie est discutable car bien des voyageurs et explorateurs ne se sont pas contentés de relater leurs observations mais ont essayé de comprendre les mécanismes physiques qui permettaient d'expliquer pourquoi il fait plus chaud ou plus humide ou plus venté dans telle région que dans telle autre, pourquoi certains régimes politiques se sont mieux développés dans ce climat plutôt que dans cet autre. Le plan adopté risque aussi de conduire à quelques redites ou tout au moins il m'amènera à parler d'un même philosophe et voyageur (comme Hérodote), d'un même explorateur et physicien (comme de Saussure), dans plusieurs chapitres.

Ce livre est, pour une bonne part, un travail de synthèse d'ouvrages, rapports, articles parus dans diverses revues françaises ou étrangères et sites Internet, de sorte qu'il y figure beaucoup de références. Elles apparaissent généralement dans le texte par le nom du premier auteur (éventuellement par le titre du livre), suivi d'un nombre. Celui-ci est reproduit au bas de la page et il est suivi de la référence exacte dans la forme qui est recommandée par la revue française *Sécheresse Science et Changements Planétaires*, éditée par John Libbey Eurotext, parce que, d'une part c'est une revue de langue française qui publie des articles sur le climat et d'autre part, parce que la façon d'y présenter les références est simple et concise. Pour les articles de revues on donne les noms des auteurs suivis de leurs prénoms, le titre de l'article dans la langue d'origine, le nom de la revue en italiques sans ponctuation après les abréviations, l'année, le volume, la première et la dernière page. Pour les livres, les auteurs sont présentés de même, le titre du livre est en italiques, suivi de la ville, du nom de l'éditeur et de l'année de publication. Pour les sites Internet, on donne les références qui permettent de les retrouver. Toutes les références de bas de page sont rassemblées dans la bibliographie où elles sont classées par ordre alphabétique du premier auteur. On ne fait pas figurer dans cette liste les auteurs classiques Grecs, Latins ou Français, ni les sites Internet.

Certains mots sont suivis d'un astérisque. Ce sont des termes ou expressions qui n'appartiennent pas au langage courant ; ils sont explicités dans un glossaire à la fin du livre.

Les sigles sont répertoriés et explicités à la fin de l'ouvrage dans l'ordre alphabétique de leur version française quand elle existe ; on en donne aussi parfois la forme anglo-saxonne.

Les symboles utilisés couramment en météorologie et climatologie, que l'on rencontre dans ce livre sont explicités et on en donne éventuellement la valeur.

De nombreuses et parfois longues citations égayent ce livre ; plutôt que de les signaler au lecteur par des guillemets elles sont écrites en italiques.

1

La découverte des climats

Ce chapitre est consacré à la description des découvertes des principaux phénomènes climatiques depuis le début de l'histoire jusqu'au début du 18ème siècle. Ce savoir climatique que nous allons voir s'élaborer peu à peu n'est pas nécessairement un discours sur le climat. Je m'efforcerai de relever dans différents textes ce que leurs auteurs connaissaient de ce que l'on désigne aujourd'hui par les éléments du climat.

Les hommes préhistoriques ont subi le climat peut-être plus encore que nous le subissons aujourd'hui mais il ne semble pas qu'ils aient su traduire par les dessins et objets qu'ils nous ont laissés qu'ils y étaient sensibles. Leroy-Gourhan[5] note cependant que la coupure de climat entre le froid et le tempéré (aux alentours de 10 000 BP*, c'est-à-dire à la fin de la dernière glaciation) correspond à une coupure en de nombreux domaines de l'activité des hommes et en particulier à la disparition de l'art des cavernes.

En suivant quelques grands voyageurs depuis l'Antiquité jusqu'au 18ème siècle, je ne parlerai pas des explorateurs d'Extrême-Orient, tel Zhang Qian, par exemple, qui fut le premier voyageur connu à sortir de Chine. Il avait été envoyé par l'empereur Wudi (dynastie des Han, en 139 avant J.C.) pour assurer la frontière ouest de la Chine. Il revint et remit à celui-ci un rapport dans lequel il décrivait la configuration géographique des régions visitées. On peut supposer qu'il parlait aussi du climat. Mais son rapport resta très longtemps ignoré de l'Occident, où est née la science climatologique, de sorte que la contribution de l'Extrême Orient à l'élaboration de la climatologie telle qu'on l'entend aujourd'hui n'est pas prise en compte dans ce livre.

---

[5] Leroy-Gourhan A. *Préhistoire de l'art occidental.* Paris : Lucien Mazenod, 1971.

Les nombreux auteurs de la Bible n'avaient pas de visée scientifique mais on peut trouver dans leurs livres quelques traces des connaissances climatologiques des peuples du bassin méditerranéen oriental : Égyptiens, Babyloniens, Hittites, Phéniciens, Hébreux... Les documents cités ci-après datent, pour beaucoup d'entre eux, de l'époque de l'exil des Israélites à Babylone (environ de 580 avant J.C.) ou lui sont antérieurs. *Le Seigneur* [...] *qui nous donne la pluie au bon moment, celle d'automne et celle de printemps* (Jérémie 5, 17). *J'ai fait venir contre Elam les quatre vents* (Jérémie 46, 36). *Le vent de bise* (nord) *chasse la pluie* (Proverbes 25, 23). *Le vent oriental apporte les sauterelles* [...] *le vent occidental enleva les sauterelles* (Exode 10, 13. Ce texte a été mis en forme lors de la déportation à Babylone, mais il peut rapporter une tradition plus ancienne). *Du sud arrive l'ouragan, du nord le froid* (Job 37, 9). *Le vent desséchant se lève, il arrive du désert* (c'est-à-dire de l'est) (Osée 13, 15). Dans 1 Rois 18, 14, le serviteur placé en sentinelle par le prophète Élie voit arriver de la mer (de l'ouest) un petit nuage qui grossit, obscurcit le ciel et donne une forte averse (c'était probablement un khamsin*). On retiendra de ces quelques citations que les Hébreux savaient qu'il fait froid au nord, chaud au sud, que les vents d'est étaient secs et que les vents d'ouest étaient chargés d'humidité. L'évangéliste Luc (premier siècle après J.C.) fait dire à Jésus fils de Joseph : *Quand vous voyez un nuage se lever à l'ouest, vous dites aussitôt ' il va pleuvoir ', et c'est ce qui arrive. Et quand vous sentez le vent de sud, vous dites ' il va faire chaud ' et c'est ce qui arrive* (Luc 12, 54).

Hérodote (environ 484-425 avant J.C.) est considéré généralement comme le premier explorateur ayant décrit ce qu'il avait observé, et notamment les climats. Il a beaucoup voyagé dans l'est du bassin méditerranéen. Certains commentateurs pensent qu'il a pu être un agent secret du chef Athénien Périclès. Lorsqu'il ne voyageait pas il interrogeait les voyageurs et recueillait leurs récits. Il eut connaissance de navigateurs qui firent le tour de l'Afrique, de Suez au Cap et du

Cap à Gibraltar, puis revinrent en Égypte en longeant les côtes de l'Afrique du Nord. Ils avaient été envoyés par le pharaon Nechao (600-595 avant J.C.). Ils racontaient leur étonnement lorsqu'ils virent le soleil se lever à leur droite dans la deuxième partie de leur voyage alors que dans la première partie (le long des côtes est de l'Afrique), le soleil se levait à leur gauche. Hérodote rapporte encore un voyage, accompli cette fois d'Égypte vers Gibraltar, puis le long des côtes ouest de l'Afrique, au cours duquel les marins virent des hommes noirs et tout petits (probablement des pygmées au Gabon) qui possédaient des chevaux et des chameaux tout petits (?). Il rencontra d'autres voyageurs qui avaient traversé le Sahara, avaient eu très chaud et aperçu un grand fleuve coulant d'ouest en est (probablement le Niger entre Tombouctou et Gao). Hérodote savait aussi qu'au nord de l'Asie Mineure, chez les Scythes, il faisait très froid et que l'eau y gelait jusqu'en plaine, en hiver. Il connaissait évidemment la crue du Nil qui débute à l'époque du solstice d'été et il en cherchait une explication scientifique. Il énonce trois solutions qu'il écarte toutes trois.

Selon l'une de ces solutions, les vents étésiens seraient cause du gonflement du fleuve en empêchant les eaux de s'écouler dans la mer.*

Cette explication était encore celle que donnait Isidore de Séville (environ 570-636 de notre ère).

Or souvent les vents étésiens ne soufflent pas et le Nil ne déborde pas moins... La seconde solution témoigne de plus d'ignorance encore que la précédente... Elle attribue à l'Océan (pour les Anciens ce serait un grand fleuve entourant la terre) *l'origine et les débordements du fleuve ; il dérive de l'Océan, selon elle, et l'Océan tourne autour de la terre.*

La troisième, beaucoup plus vraisemblable est la moins vraie ; car celle-ci ne dit rien lorsqu'elle déclare que le Nil provient de la fonte des neiges ; un fleuve qui de la Libye coule au milieu de l'Éthiopie pour tomber en Égypte ! Comment sortirait-il des neiges, puisque des pays des plus ardents il passe en une contrée moins chaude ? [...] De ces climats les vents arrivent brûlants ; [...] il n'y gèle et n'y pleut jamais. Or, partout où il neige, il pleut dans les cinq jours qui suivent ; si donc il neigeait dans ces régions, elles ne seraient pas sans pluie. [...] Par l'effet de la chaleur, les hommes y sont noirs ; les milans et les hirondelles ne les quittent pas de l'année, les grues y viennent passer l'hiver, fuyant les froids de la Scythie. Or, s'il neigeait si peu que ce fût, sur le territoire que parcourt le Nil et sur celui où il commence son cours, nulle de ces choses n'arriverait, cela est trop évident.

Après avoir démoli ces trois solutions, Hérodote donne son explication : [...] *Le soleil, chassé à la mauvaise saison de sa route primitive par la violence de l'hiver s'en va dans la Libye supérieure. [...] En effet, la contrée dont ce dieu* (il s'agit du soleil, Râ en Égypte, Apollon en Grèce) *s'approche le plus, au-dessus de laquelle il marche, doit naturellement être altérée, et ses fleuves doivent se tarir.*

Ces citations nous apprennent bien des choses sur les connaissances astronomiques et climatologiques d'Hérodote. Il savait que la déclinaison* du soleil a une période annuelle et qu'en hiver (de l'hémisphère Nord) le soleil est au sud de sorte que ses rayons, à midi, s'écartent davantage de la verticale qu'ils ne font en été. En bon climatologiste méditerranéen, il associe été et absence de pluie. Dans son mouvement vers le nord (du solstice d'hiver au solstice d'été) le soleil parcourt les contrées où naît et coule le Nil. Il y fait donc très chaud, l'eau s'évapore et il ne saurait y avoir de crue.

Hérodote connaît les vents étésiens qui soufflent du nord ou du nord-ouest vers le sud sur l'est du bassin méditerranéen (avec quelques irrégularités). Il sait qu'il fait chaud au sud, froid au nord et croit savoir que les climats ont une incidence sur la couleur de la peau et sur la taille des habitants. On retiendra enfin qu'Hérodote propose des explications rationnelles et ne cherche pas de solutions surnaturelles à la crue du Nil.

Pour le grec Hippocrate de Cos (environ 460-370 avant J.C.), le climat est un outil qui permet au médecin de soulager les patients car il contribue à les déterminer. C'est principalement dans son traité : *Des airs, des eaux et des lieux* (écrit entre 430 et 415 avant J.C.) qu'il développe ses idées et ses observations : *Toutes les maladies proviennent [...] du chaud trop échauffant, du froid trop refroidissant, du sec trop desséchant et de l'humide trop humectant* (d'après Staszak[6]). Les quatre saisons sont caractérisées par les associations de quatre qualités du temps, le printemps est chaud et humide, l'été est chaud et sec, l'automne est froid et sec et l'hiver froid et humide. Dans certaines régions, autres que la Grèce, il n'en est pas de même ; dans le Phase (sud du Caucase) il pleut abondamment en toutes saisons, les vents dominants sont de sud, les vents de nord sont rares et faibles, les variations de température petites ; au contraire, les Scythes sont accablés par de grands froids et les Égyptiens par une chaleur excessive. Les Européens (autres que les Grecs) subissent de très fortes chaleurs, des froids rigoureux, des pluies abondantes suivies de longues sécheresses et les vents rendent plus intenses encore les vicissitudes des saisons. Comme les Hébreux, Hippocrate distingue quatre vents ou plutôt quatre secteurs d'où proviennent les vents (Fig. 1).

Les tempéraments des habitants des villes dépendent de l'orientation de celles-ci. Cette notion d'orientation des villes a un sens ici car les côtes de la Méditerranée sont bordées de montagnes, sauf celles d'Égypte et de quelques rares plaines, de sorte que les villes y sont généralement protégées des vents provenant d'une bonne partie de la rose* ce qui n'est pas le cas de bien des cités du nord – ouest de l'Europe, par exemple. Je reviendrai plus longuement sur Hippocrate au chapitre quatre consacré aux liens entre le climat et la santé.

---

[6] Staszak JF. *La géographie d'avant la géographie, le climat chez Aristote et Hippocrate*. Paris : L'Harmattan, 1995.

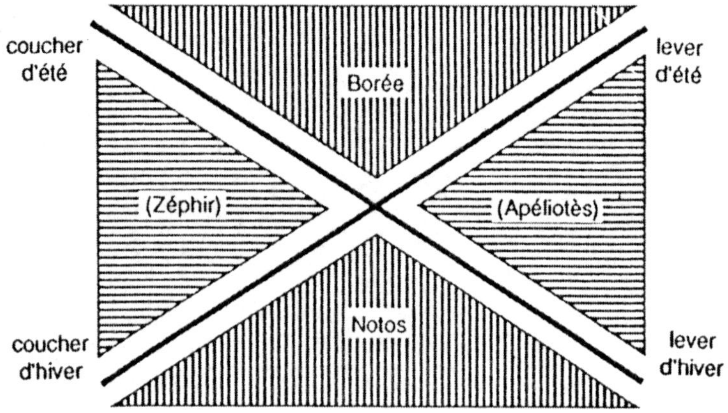

Figure 1. *Directions des levers et couchers du soleil vers 40°N* aux époques des solstices, déterminant les quatre secteurs d'où souffle les vents ; ceux qui ne sont pas mentionnés par Hippocrate mais qui sont attestés à son époque, sont entre parenthèses ; d'après Staszak[7]

Xénophon (environ 430-355 avant J.C.), ancien élève de Socrate, fait l'apologie du climat d'Athènes, dans son ouvrage intitulé *Les Revenus*. Il est à même d'en parler savamment car il a voyagé à Babylone, en Perse et en Turquie : *Que notre climat soit très tempéré, les productions du sol suffisent à le montrer. En tous cas, les plantes qui ne pourraient même pas germer ailleurs portent des fruits chez nous. [...] En outre tous les biens que les dieux nous dispensent à chaque saison viennent ici plus tôt qu'ailleurs et disparaissent plus tard. On pourrait croire [...] que notre pays [...] occupe à peu près [...] le centre [...] du monde habité car plus on s'en éloigne plus les froids et les chaleurs qu'on rencontre sont pénibles à supporter [...]. Sans être entourée d'eau de tous côtés, Athènes n'en a pas moins les avantages d'une île ; elle a tous les vents à son service* (pour la navigation). Outre la notion de climat tempéré, je retiendrai que Xénophon introduit la phénologie* (voir chapitre 3) dans la description du climat puisqu'il y associe

[7] Staszak JF. 1995, *ibid*

l'observation des dates de germination et de disparition des plantes.

Aristote (384-322 avant J.C.) ne « pense » pas climat, selon Staszak[8] mais, comme Xénophon, il veut démontrer que la chaleur, les pluies et les vents sont plus modérés en Grèce que partout ailleurs sur la terre et qu'en conséquence la race des Hellènes est courageuse et intelligente, mène une existence libre et jouit du meilleur gouvernement (voir chapitre 4). On ne trouve pas, chez Aristote, d'étude du climat au sens où on l'entend aujourd'hui mais on relève dans *Les Météorologiques* et divers autres traités (je ne m'aventurerai pas à les énumérer ni à discuter leur attribution) des affirmations relatives à la distribution zonale des températures, des précipitations et des vents. Aristote est le premier à affirmer clairement que la terre est une sphère, de sorte que les rayons solaires n'atteignent pas tous les points de sa surface selon le même angle. Il y distingue deux sections *seules habitables*, une dans chaque hémisphère (l'*oekoumène*, mais seul celui de l'hémisphère Nord est habité et encore pas à toutes les longitudes), entre le tropique et le cercle polaire (Fig. 2) :

Les régions situées entre les tropiques sont inhabitables, car là l'ombre ne se projetterait pas toujours vers le nord et en fait la terre est inhabitable avant que l'ombre ne manque tout à fait ou ne se projette vers le midi. Et les régions situées sous la Grande Ourse sont inhabitables à cause du froid [...]. La gelée blanche se produit de préférence dans les régions froides, la rosée plutôt dans les lieux tempérés, [...] la neige dans les lieux les plus froids.

Les Scythes ont des étés très chauds, bien que leur contrée soit plus froide que la Grèce en hiver (nous dirions aujourd'hui qu'ils ont un climat continental).

---

[8] Staszak JF. 1995, *ibid.*

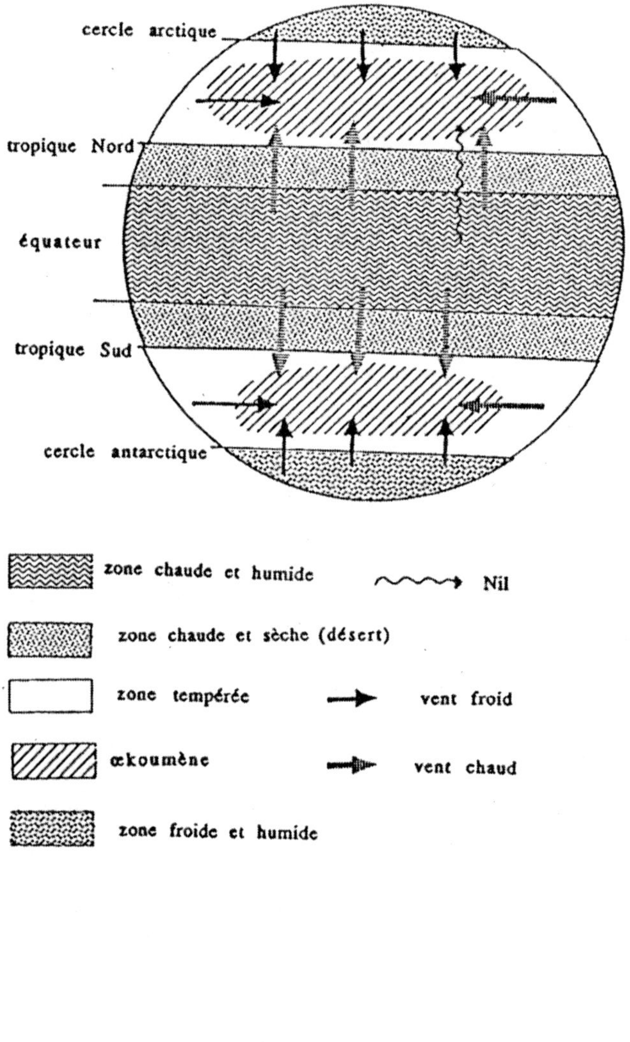

Figure 2. *Le modèle climatique du globe, implicite chez Aristote* ; d'après Staszak[9].

[9] Staszak JF. 1995, *ibid.*

Aristote décrit avec beaucoup de détails les vents qui, pour lui, sont principalement méridiens, c'est-à-dire qu'ils sont soit de nord soit de sud. Son explication est assez laborieuse. Le soleil va d'est en ouest mais son trajet est tantôt plus au nord (en été) et tantôt plus au sud (en hiver). Il échauffe le sol et produit des exhalaisons (nous retrouverons ce mot au chapitre deux), c'est-à-dire des évaporations, sèches ou humides. Lorsque le soleil s'éloigne (au cours de l'oscillation annuelle de la déclinaison*), il y a refroidissement des exhalaisons humides, condensation et enfin précipitations, de sorte que lorsque le soleil est au nord il pleut au sud et vice-versa. Le Nord et le Sud sont les régions les plus arrosées. Aristote considère ici le mouvement annuel du soleil et non son mouvement diurne et cependant il affirme que l'est de la Grèce est plus chaud que l'ouest car les vents d'est sont plus chauds que ceux d'ouest. La zone tempérée, peu arrosée, est donc bordée au nord par une zone froide et pluvieuse et au sud par une zone chaude et pluvieuse. Sa partie nord est balayée par les vents polaires froids et humides (les vents étésiens soufflent à partir du solstice d'été lorsque la constellation du Chien apparaît pour la première fois au-dessus de l'horizon), la partie sud, moins bien connue que le nord, serait soumise aux vents de sud, chauds et humides. On devrait retrouver la même distribution dans la partie tempérée de l'hémisphère Sud. Aristote sait peu de chose du climat des régions équatoriales. Il sait cependant que des pluies torrentielles tombent en été (et non en hiver) en Éthiopie, ce qui explique les crues du Nil, et qu'entre ces régions et l'*oekoumène* il y a une zone excessivement sèche (le Sahara). Si Aristote ne pense pas le climat il pense son changement (tout au moins localement) en remarquant que le pays de Mycènes (au nord – est du Péloponnèse), qui était jadis prospère, comme le reste de la Grèce, est devenu complètement stérile et desséché (Staszak[10]). Il a aussi observé que certains hivers sont plus froids que d'autres ou plus pluvieux.

---

[10] Staszak JF. 1995, *ibid.*

Le marin grec Hippalos, sous le règne de l'empereur Tibère (14-37 après J.C.), fut le premier à utiliser la mousson*

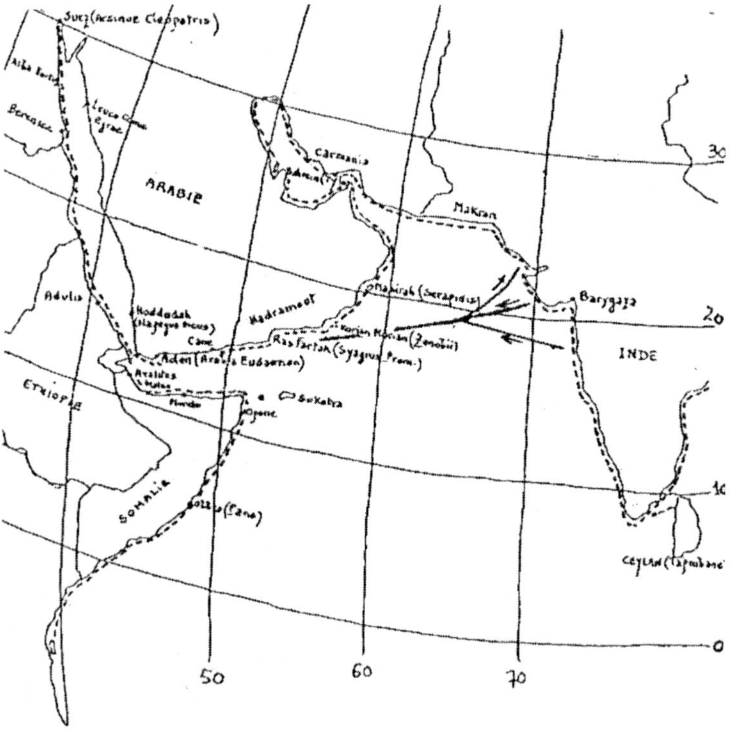

··· Voyages de cabotage ___ Voyages d'Hippalos (mousson)

Figure 3. *Itinéraires des bateaux grecs*
carte extraite du site www.stratisc.org, le site de la stratégie dans l'histoire.

pour traverser l'océan Indien, entre le détroit de Bab el Mandeb et la côte occidentale de l'Inde (Fig. 3).

Avant Hippalos les marins faisaient du cabotage et ne perdaient pas la côte de vue. La mousson d'été (qui souffle du sud – ouest de mai à octobre, dans cette région) le portait directement vers l'Inde, et il en revenait entre novembre et avril, lorsque la mousson d'hiver le poussait vers le sud-ouest.

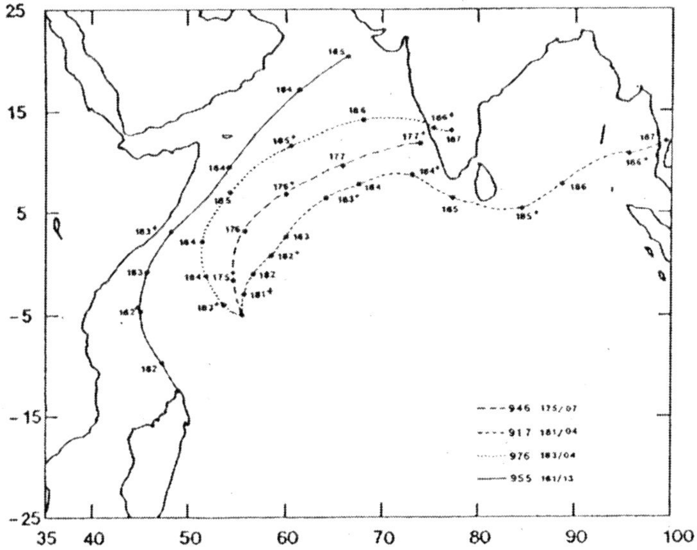

Figure 4. *Trajectoires de quatre ballons plafonnant* à 900 hPa (environ 1000 m), lancés durant la campagne Balsamine en été 1980, l'un depuis Diego Suarez (Madagascar), les trois autres depuis Mahé (Seychelles) ; en bas à droite le numéro du ballon est suivi du jour de son lancer, ainsi le ballon n° 955, dont la trajectoire est présentée par une ligne continue, a été lancé le jour 181, c'est-à-dire le 29 juin 1980 à 13UTC* ; il a été perdu le jour 185, soit le 3 juillet.

La figure 4 présente les trajectoires de quatre ballons lancés en 1980, lors de l'expérience Balsamine[11].

Cette expérience a consisté à lâcher depuis Mahé dans les îles Seychelles et depuis Diego-Suarez au nord de Madagascar, des ballons gonflés d'hélium de telle manière qu'ils demeurent sur une surface où la masse volumique de l'air a une valeur

---

[11] Cadet D, Ovarlez H, Sommeria G. The Balsamine experiment during summer Monex. *Bull Amer Meteor Soc* 1981 ; vol 62, n°3; 381-388.

prescrite, située, pour cette expérience, vers 900 hPa (environ 1000 m d'altitude), c'est-à-dire dans la couche où la mousson se fait sentir.

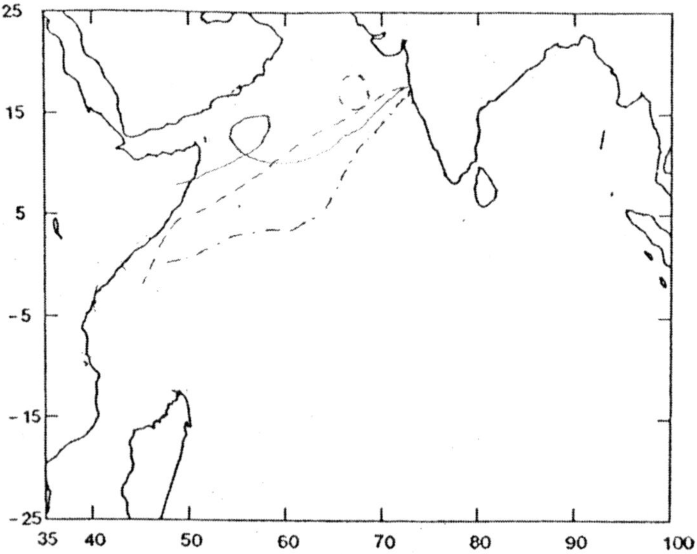

Figure 5. *Idem Fig.4 mais pour l'expérience Indoex de janvier-février 1999.*

Les ballons étaient lancés de Goa (Inde). Cette figure est extraite du site internet :

http:// internet1-ci.cnes.fr : 8180/html/bplaf/baba/bplaf_limite4.html

Ces ballons munis de balises étaient suivis par le système Argos installé sur les satellites Tiros-N et Noaa-6. On voit qu'Hippalos voyageait vent arrière depuis la mer Rouge jusqu'aux côtes de Malabar, en Inde. Il en revenait entre novembre et avril lorsque la mousson d'hiver le poussait vers le sud-ouest.

La figure 5 présente les trajectoires de trois ballons plafonnants analogues à ceux de l'expérience Balsamine, choisis parmi tous ceux qui furent lancés en janvier et février

1999, lors de la campagne de mesures Indoex dont l'un des objectifs était l'étude de la diffusion des aérosols continentaux emportés sur l'océan par la mousson d'hiver et leur rôle dans la formation des nuages. Le point de lâcher était Goa sur la côte ouest de l'Inde. La plupart des ballons partirent vers le sud ; on remarquera le ballon qui s'est dirigé vers la Somalie mettant en évidence les vents de nord-est qu'utilisait Hippalos pour retourner en Grèce.

Il semble que ce soit Claude Ptolémée (~100 ~170 après J.C.) qui ait divisé l'hémisphère Nord en sept climats. Ces climats étaient des bandes parallèles à l'équateur où la durée du jour le plus long (au solstice d'été) croît d'un climat au suivant en allant vers le pôle. Nous trouverons une définition précise de ces climats au chapitre 2. Après Ptolémée, la climatologie n'a guère fait de progrès, jusqu'à la Renaissance. Les Arabes avaient heureusement conservé quelques manuscrits grecs et l'Europe a découvert les écrits de l'Antiquité en les traduisant d'arabe en latin. Déjà avant que les Arabes ne mettent la main sur la bibliothèque d'Alexandrie, Isidore de Séville avait tenté de rassembler toutes les connaissances gréco-latines dans ses *Étymologies*, qui furent diffusées et commentées dans le monde chrétien durant tout le Moyen Age. Il distinguait cinq climats : froid au nord, puis, en allant vers le sud, le climat tempéré, le climat torride, le climat tempéré à nouveau puis un climat froid. Idriss (1099-1165), qui vivait à la cour de Roger II de Sicile, publia un ouvrage qui décrivait le monde connu, climat par climat, c'est-à-dire par bande de latitude, en allant d'ouest en est, mais il ne s'intéressait pas particulièrement au climat, au sens où on l'entend aujourd'hui, des régions dont il parlait.

Les vents alizés, évoqués par José Maria de Heredia dans son sonnet Les Conquérants[12]

Et les vents alizés inclinaient leurs antennes
Aux bords mystérieux du monde Occidental

---

[12] Hérédia JM. *Les Trophées* 1893

ont été découverts par les navigateurs portugais. En 1434, Gil Eanes doublait le cap Bojador (26° 06 N ; 14° 33 O), sur la côte ouest de l'Afrique. Il faisait ainsi preuve de courage car, selon les croyances de l'époque, qui franchissait cette latitude risquait d'être brûlé vif (la température croît lorsque l'on va vers le sud). Le retour vers le nord fut pénible, le vent soufflait du nord – il était donc contraire - c'était l'alizé. Le cabotage était la règle générale de la navigation et on serrait le vent au plus près tout en s'écartant des côtes le moins possible. Le premier navigateur connu à utiliser l'alizé fut le Portugais Dinis Dias (1444). Au lieu de tirer des bords le long de la côte d'Afrique pour retourner au Portugal, il fit voile vers les Açores (38° 30 N ; 28° O), avec un vent de travers, puis vira vers l'est, profitant encore d'un vent portant, en contournant par l'ouest et le nord l'anticyclone* situé habituellement à cette latitude. Cet immense crochet dans l'océan fut appelé *la Volta* (Fig. 6). L'utilisation des vents dominants de l'Atlantique favorisa la traite aux 17ème et 18ème siècles.

Christophe Colomb (1451-1506) sut profiter des vents alizés pour traverser l'Atlantique en 1492. Il mit 36 jours pour parcourir 3300 milles, des Canaries aux Bahamas, soit à une vitesse moyenne de 3,8 nœuds* (environ 2 m s^{-1}).

Ce fut Edmund Halley (1656-1742) qui publia la première carte mondiale des vents alizés et de la mousson sur les océans, en 1701 (Fig. 7).

Halley utilisait de fines lignes pointillées pour marquer les vents et leur direction. Les alizés de nord-est sur l'Atlantique sont tracés au sud du trentième parallèle Nord. Ils se font sentir presque jusqu'à l'embouchure de l'Amazone, c'est-à-dire jusque sur l'équateur.

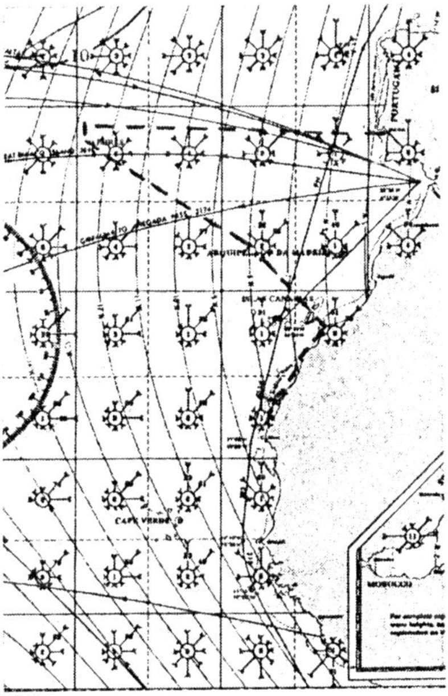

Figure 6. *Trajet approximatif de la Volta de Dinis Dias* tracé sur un fond de carte des Pilot Charts (voir plus loin) montrant les vents dominants en juin.

Les alizés de sud-est soufflent sur « the Aethiopick ocean » (l'Atlantique Sud), mais on remarque qu'ils s'infléchissent vers de nord-est en franchissant l'équateur. Les lignes de courant (partout tangentes au vent) dans le golfe de Guinée ont la même allure que les trajectoires des ballons de la figure 4. Dirigées vers le nord-ouest au sud de l'équateur elles tournent vers le nord-est dans l'hémisphère Nord comme a fait, par exemple, le ballon 955, lâché de Diego Suarez le jour 181 à 13 heures.

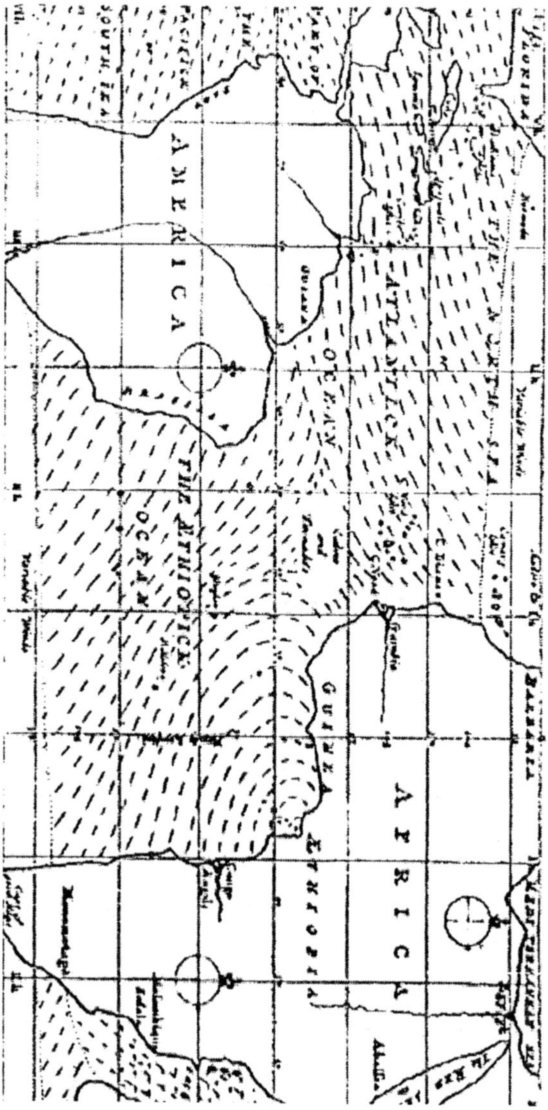

Figure 7. *Carte des vents alizés et des moussons de Halley (1686),* d'après la carte tirée du site : www.zevross.com/special/history/thematic.html

Ces vents de sud-ouest, qui atteignent la côte de Guinée, portent le nom de mousson car ils sont analogues à la mousson indienne d'été. Il existe une dépression* thermique permanente au voisinage de l'équateur. Durant l'été boréal cette dépression se déplace vers le nord, jusque vers 10°N en Afrique de l'Ouest et nettement plus au nord en Inde, tandis que des hautes pressions sont situées au sud de l'équateur dans l'Atlantique comme dans l'océan Indien. Il en résulte des vents de sud-est (les alizés de l'hémisphère Sud) qui laissent les hautes pressions à leur gauche et les basses pressions à leur droite, selon la loi de Buys-Ballot* ; dès l'équateur franchi, toujours à cause de la loi de Buys-Ballot, les vents, dans l'hémisphère Nord, laissent les hautes pressions à leur droite et les basses pressions à leur gauche, et constituent ainsi la mousson.

Une petite zone marquée *Calms and Tornadoes* (Fig.7), sans vent dominant, est située au sud-ouest de la Guinée. Dans l'océan Pacifique, on trouve les alizés de nord-est au nord de l'équateur et les alizés de sud-est au sud. On notera au passage qu'en Amérique du Sud l'Amazone s'étend jusqu'au Rio de la Plata, et qu'en Afrique le fleuve Gambie est très long, le fleuve Congo très bref et les fleuves Niger et Sénégal inconnus. Cette carte est probablement la première des cartes thématiques* qui fleuriront au 19ème siècle. Halley avait beaucoup voyagé dans l'Atlantique et il interrogea beaucoup de marins pour tracer cette carte.

Son explication des alizés s'appuie sur les différences de température entre l'équateur et les latitudes plus élevées. À mesure que l'on s'approche de l'équateur, l'air échauffé est de plus en plus léger et finit par monter. Il est remplacé par de l'air plus frais en provenance des pôles Nord et Sud. L'air qui monte au-dessus de l'équateur retourne vers les pôles (contre – alizés) au-dessus desquels il redescend. Cette première tentative de description de la circulation générale de l'atmosphère fut affinée par l'astronome anglais John Hadley (1682-1744) qui y introduisit l'effet de la force de Coriolis*, comme nous l'avons indiqué ci-dessus, la loi de Buys-Ballot n'étant que la traduction en langage courant des conséquences de la force de Coriolis.

Pascal (1623-1662) fut le premier à comprendre pourquoi la pression atmosphérique décroît lorsque l'on s'élève et ce fut son beau-frère Périer qui, à sa demande, fit l'ascension du Puy de Dôme (1648) avec un baromètre et observa la différence de hauteur de la colonne de mercure dans le tube de l'appareil entre la base et le sommet de la montagne. Cette colonne mesurait 712 mm à Clermont et 627 mm au sommet pour une dénivellation estimée à environ 500 toises (~ 974 m), très difficile à mesurer précisément à cette époque. Pascal croyait à une décroissance linéaire de la pression en fonction de l'altitude. Aucune mesure n'avait été faite par Périer entre la base et le sommet de la montagne de sorte qu'il n'était pas possible de connaître la relation entre la pression et l'altitude. Ce fut Halley qui proposa une formule permettant l'hypsométrie* barométrique.

L'intérêt de la communauté scientifique pour les montagnes allait croissant depuis la fin du 17ème siècle. Les Genevois Nicolas (1664-1753) et Jean Christophe Fatio entreprirent de mesurer l'altitude du Mont Maudit (qui allait être nommé le Mont Blanc en 1744, par le Genevois Pierre Martel). Ils n'y montèrent pas et mesurèrent au quart de cercle la différence d'altitude entre son sommet et le lac de Genève puis évaluèrent l'altitude de celui-ci grâce à la connaissance de la longueur du Rhône, en se donnant une pente moyenne de ce fleuve entre Genève et la Méditerranée. Ils trouvèrent une altitude de 4728 m au lieu de 4810 m (ou 4807 m). Ils avaient surestimé l'altitude du lac et sous-estimé la hauteur du Mont Maudit au-dessus de celui-ci ; ainsi l'altitude trouvée était-elle assez bonne. Tous ces travaux préparaient l'ascension du Mont Blanc par de Saussure et celles d'Alexandre de Humboldt (1769-1859) dans les Andes, qui découvraient le climat en montagne.

On peut considérer que dès la fin du 18ème siècle, le climat faisait l'objet d'une étude systématique de sorte que l'on retrouvera de Saussure, Humboldt et leurs successeurs au chapitre suivant.

2

L'étude du climat actuel

Ce chapitre est consacré aux méthodes d'étude du climat. Je vais d'abord évoquer les débuts de cette étude raisonnée en m'aidant des encyclopédies et dictionnaires parus au 18ème siècle : l'*Encyclopédie de Paris* (1751-1772) et surtout l'*Encyclopédie d'Yverdon* (ou *Dictionnaire universel des connaissances humaines*, Yverdon 1770-1780, rédigé, imprimé et publié sous la direction de F. de Félice) beaucoup plus complète que la précédente sur la météorologie et la climatologie. Ces ouvrages ainsi que *La Science des Personnes de Cour, d'Épée et de Robe*[13], définissent les climats de façon analogue. Un climat est une bande de latitude limitée par deux parallèles géographiques tels que lorsque l'on passe, dans l'hémisphère Nord, d'un parallèle limitant le climat au sud à celui qui le limite au nord, la durée du jour le plus long de l'année (au solstice d'été) augmente de 30 minutes, ceci depuis l'équateur jusqu'au cercle polaire ; à partir de celui-ci, toujours en allant vers le nord, la durée du jour le plus long augmente d'un mois lorsque l'on passe d'un climat à l'autre, pour atteindre une durée de six mois au pôle Nord. On définit les climats de l'hémisphère Sud selon le même schéma. Il y a donc au total vingt-quatre climats de demi-heure et six climats de mois, dans chaque hémisphère. Le tableau I donne les latitudes des limites des climats et la figure 8 présente les climats de l'hémisphère Nord et une partie de ceux de l'hémisphère Sud. Cette définition des climats, héritée de l'Antiquité semble due au Hollandais Varenius (Bernhard Varen 1610-1680). Elle ne correspond pas à notre notion actuelle. Cependant la

---

[13] 1752, chez : la Veuve Lottin et Butard, rue S.-Jacques, à la Vérité ; Le Mercier, rue S.-Jacques, au Livre d'Or ; Rollin, quai des Augustins, au Palmier ; David jeune, quai des Augustins, au S. Esprit ; Dalaguette, rue S.-Jacques, à l'Olivier.

distribution zonale de certains paramètres moyens montre qu'en première approximation, la latitude est un facteur important du climat.

Tableau I. *Les climats de l'hémisphère Nord d'après de Lalande*

Climats de demi-heure			
1	8° 25'	13	59° 58'
2	16° 25'	14	61° 18'
3	23° 50'	15	62° 25'
4	30° 20'	16	63° 22'
5	36° 28'	17	64° 06'
6	41° 22'	18	64° 49'
7	45° 29'	19	65° 21'
8	49° 01'	20	65° 47'
9	51° 58'	21	66° 06'
10	54° 27'	22	66° 20'
11	56° 37'	23	66° 28'
12	58° 29'	24	66° 31'

Climats de mois	
1	67° 30'
2	69° 30'
3	73° 20'
4	78° 20'
5	84° 0'
6	90° 0'

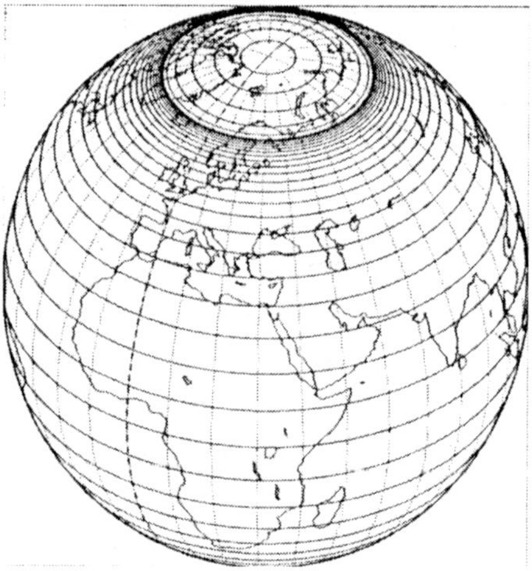

Figure 8. *Les climats de la terre,*
selon la définition qu'on en donnait au 18ème siècle, vus par un observateur très éloigné de la terre. Carte obligeamment tracée par M. Capderou.

La carte des pluies moyennes annuelles en Afrique au nord de l'équateur (Fig. 9) présente, entre 10° et 20°N, des isohyètes* à peu près parallèles aux parallèles géographiques. Par contre, l'isotherme moyenne de janvier en surface*, de cote 0 °C est perpendiculaire aux parallèles géographiques sur la Norvège et le Danemark (Fig. 10).

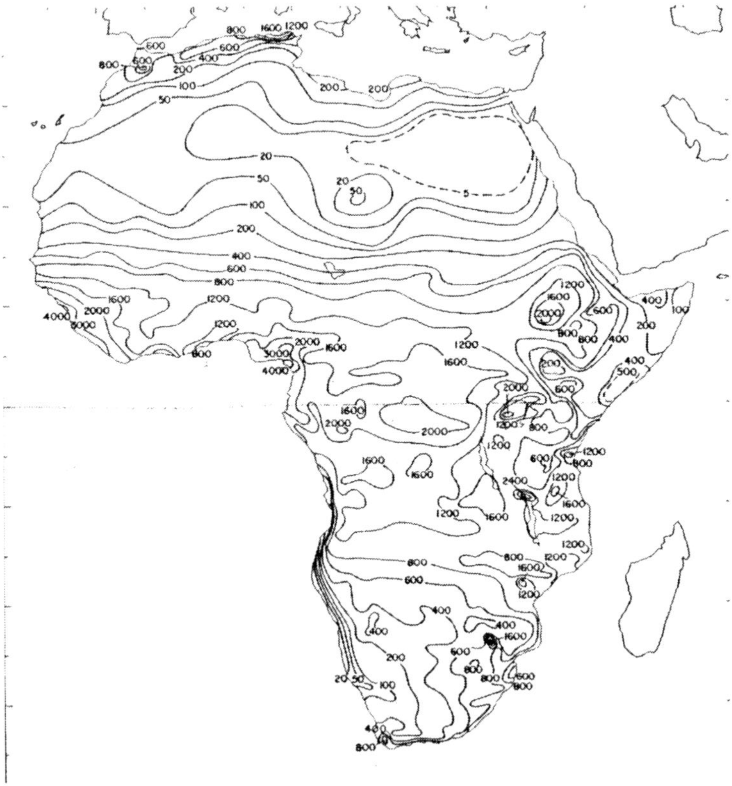

Figure 9. *Pluies moyennes annuelles* en mm ; d'après Nicholson *et al.*[14]

[14] Nicholson SE, Kim J, Hoopinggarner J. *Atlas of African rainfall and its interannual variability*. Tallahassee Florida 32306 États-Unis : 1988.

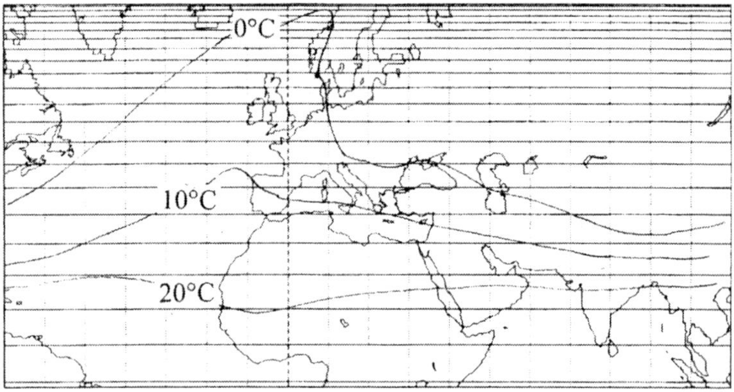

Figure 10. *Isothermes de janvier et climats de demi-heure.*

Début de l'étude raisonnée des climats

Dès la deuxième moitié du 18ème siècle on savait *que la température ne suit pas exactement les parallèles géographiques ; une infinité de circonstances comme les vents, les volcans, le voisinage de la mer, la position des montagnes se compliquent avec l'action du soleil et rendent souvent la température très différente dans des lieux placés sous le même parallèle. Il en est de même des climats placés des deux côtés de l'équateur à des distances égales ; de plus la chaleur même du soleil est différente dans ces climats. Ils sont plus près du soleil que nous dans leur été et plus loin dans leur hiver.* (d'après l'article *Climat* de *l'Encyclopédie d'Yverdon*). Cette encyclopédie attribue une grande importance climatique (vingt pages d'un *in-quarto*) aux exhalaisons qui sont tous gaz et poussières dans l'atmosphère ayant la terre pour origine : les esprits odorants venant des plantes et des fleurs (les pollens) ; les esprits aqueux ; les esprits de vin ; les huiles volatilisées par le soleil, les feux qui emportent les suies, les putréfactions ; les sueurs des animaux, les huiles issues des cadavres ; la fumée des solfatares, le charbon de terre qui exhale un gaz combustible, la terre qui exhale des matières qui peuvent s'embraser, et qui seraient à l'origine des météores ignés (éclairs, feux St-Elme, etc.) ; l'huile de terre (pétrole) qui flotte sur les mers et finit par s'évaporer ; le sel de la mer arraché par les vents dans les embruns ; la terre et le sable soulevés dans l'atmosphère ; les cendres des volcans ; les moisissures qui se développent dans l'air... Cette description un peu longue des exhalaisons, mais beaucoup plus brève que dans l'encyclopédie cependant, est mise ici car nous verrons au chapitre 5 qu'on leur attribue aujourd'hui un grand rôle dans l'évolution du climat. L'auteur de l'article Exhalaisons prédit que si on les connaissait toutes, elles permettraient d'expliquer tous les météores. Nous avons vu qu'Aristote s'intéressait déjà aux exhalaisons.

Les philosophes du 18ème siècle ont parfaitement conscience de la nécessité de mesures précises pour décrire les climats. F. de Félice écrivait en 1775, toujours dans l'article *Climat* : *Lorsque nous aurons eu des registres tenus exactement dans différents lieux de la terre et pendant une longue suite d'années nous serons peut-être en état de déterminer les directions, la force et les limites du vent, la constitution de l'air apporté par le vent, [...] et peut-être saurons nous prédire alors les chaleurs excessives, les pluies, les gelées, [...], les famines, les pestes* (c'est-à-dire les épidémies). On remarque que santé et climat sont associés ; nous verrons cela au chapitre 4.

Des registres comme ceux que souhaitait l'encyclopédiste ont été remplis pendant quelques années, ici ou là. Des cahiers où sont consignées diverses caractéristiques du temps furent tenus entre 1337 et 1343 à Oxford. À partir de 1697 et probablement jusqu'en 1730, le Révérend William Derham, à Upminster en Essex à 20 km à l'est-nord-est du centre de Londres, notait trois fois par jour à 7 heures (ou 6 ou 8 selon la saison), à 12 et à 21 heures, le temps présent (comme on le désigne aujourd'hui), la direction du vent (en rose* de 16) et sa vitesse selon une échelle qui ressemble à celle de Beaufort*, la hauteur de la colonne de mercure du baromètre en pouces et centièmes et la pluie en livres et centièmes, recueillie dans un récipient cylindrique de 25 cm (dix pouces) de diamètre.

Tableau II. *Exemple du temps observé par W. Derham*

Jour h	Temps .	vent Dir. – Vit	Baromètre pouces	Pluie livres
27 7	beau	SO 2	29,37	1,52
12	pluvieux	OSO 5	29,34	
21	orageux	0	29,88	0,29

En 1699 le Révérend ajouta la température de l'air à ses observations ainsi que la direction des nuages lorsqu'elle était différente de celle du vent en surface. Le médecin et botaniste Louis Morin de Saint-Victor (1635-1715), membre de l'Académie des Sciences de Paris, consigna les observations météorologiques qu'il faisait à Saint-Maur des Fossés, près de Paris, de 1665 à 1713. Ces deux séries de données contemporaines ont permis de décrire le climat du nord-ouest de l'Europe à une époque de grande variabilité, appelée le Petit âge glaciaire ou Minimum de Maunder, au cours duquel des froids extrêmes furent observés. Le vin gelait sur la table du Roi, à Versailles. Ces comparaisons, toutes récentes, entre les mesures de Londres et de Paris ne se firent pas sans difficultés[15] car les instruments utilisés par les deux observateurs n'étaient pas identiques, les échelles et les unités de mesures différentes. Cette diversité des capteurs était l'un des principaux obstacles à une étude des climats. A titre d'exemple de cette diversité, je reproduis une figure tirée des planches de physique de *l'Encyclopédie d'Yverdon*, qui présente quelques thermomètres en usage dans la deuxième partie du 18ème siècle. Parmi les 17 thermomètres présentés (la figure 11 n'en montre que 8), celui de Christin (1683-1755), qui était Lyonnais, ainsi que celui de Londres, fixaient le zéro de leur échelle à la glace ou neige

[15] Slonovsky VC, Jones PD, Davies TD. Instrumental pressure observations and atmospheric circulation from the 17th and 18th centuries : London and Paris. *International Journal of Climatology* 2001 ; 21 : 285-298.

fondante et le 100 à l'eau bouillante tandis que Delisle, par exemple, plaçait le zéro à l'eau bouillante et attribuait la cote 150 à la glace fondante, ce qui évitait les températures négatives, dans l'atmosphère tout au moins. À cette époque, les verriers ne réussissaient pas toujours à faire des tubes parfaitement cylindriques de sorte que pour graduer les thermomètres on ne pouvait pas se contenter de les plonger dans la glace fondante puis dans l'eau bouillante (Christin ou Londres) et diviser ensuite l'intervalle en 100 parties égales. De plus les constructeurs utilisaient différents liquides : mercure (Christin notamment), esprit de vin additionné d'eau en diverses proportions, huiles diverses dont les coefficients de dilatation n'étaient pas nécessairement indépendants de la température. Ce fut la Convention qui décida, en 1794, que le degré thermométrique serait la centième partie de la distance entre le terme de la glace et celui de l'eau bouillante, ignorant l'influence de la pression sur la température de fusion de la glace et sur celle de l'ébullition de l'eau.

Les baromètres non plus n'étaient pas tous construits avec le soin nécessaire. C'est Antoine Laurent Lavoisier (1743-1794) qui présenta à l'Académie des Sciences en 1791 les recommandations d'Assier Perica pour la fabrication des baromètres : utiliser du mercure parfaitement pur ; le faire bouillir plusieurs fois pour chasser l'air et les autres gaz qu'il pourrait contenir ; chauffer le tube de verre et le remplir de mercure bouillant. Il indiquait ensuite les corrections à appliquer à la mesure de la hauteur de la colonne pour tenir compte de la dilatation du mercure, de celles du verre et de l'échelle graduée.

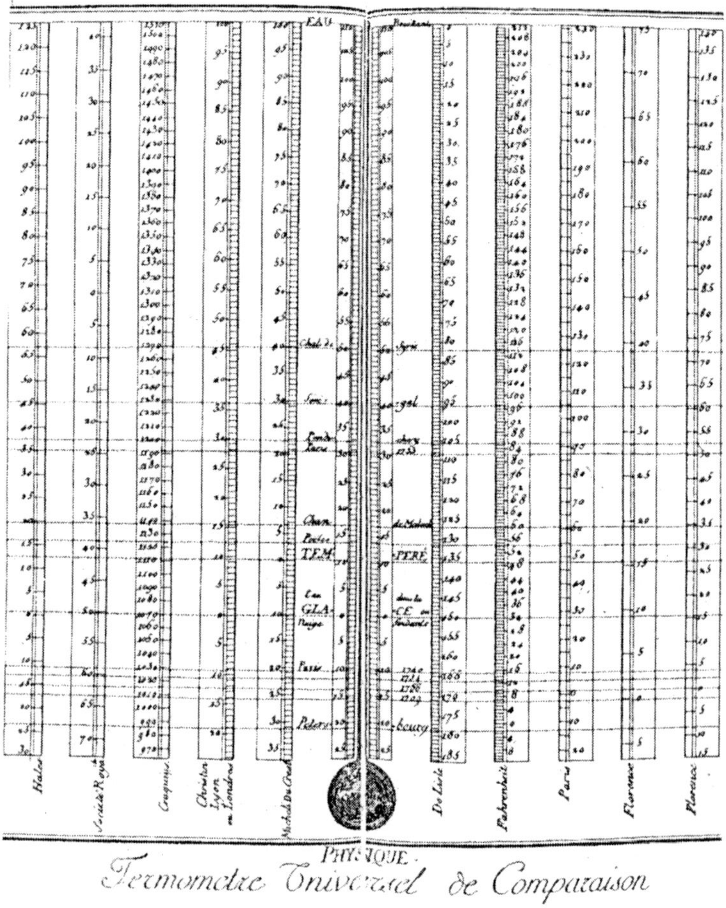

Figure 11. *Exemple de thermomètres en usage dans la seconde moitié du dix-huitième siècle.*
Figure reproduite de *l'Encyclopédie d'Yverdon.*

Horace Bénédict de Saussure (1740-1799) construisit un hygromètre à cheveux portatif, qui mesurait l'humidité* relative de l'air. Il l'étalonnait de façon assez sommaire. Placé dans de l'air sec (?) il indiquait zéro, et 100 dans de l'air très humide (brouillard). L'intervalle entre ces deux points était divisé en 100 parties égales.

La mesure de la vitesse du vent consistait en l'évaluation de la force exercée par celui-ci sur une plaque de surface connue placée perpendiculairement.

Description des climats

Dès la fin du 18ème siècle, les météorologistes disposaient des principaux instruments nécessaires à la mesure des paramètres qui permettent de caractériser le climat. Ces appareils furent installés dans divers lieux, d'abord en Europe occidentale et centrale puis un peu partout dans le monde, en surface et en altitude, grâce surtout aux colonisateurs français et anglais.

En 1775, l'Académie des Sciences de Paris avait tenté de créer un réseau d'observations météorologiques, qui ne dura guère. La *Societas Meteorologica Palatina* fit de même en 1781, avec fourniture d'instruments qui furent installés du Groenland à l'Europe de l'Est. H. B. de Saussure emporta avec lui des capteurs jusqu'au sommet du Mont Blanc. Alexandre de Humboldt accompagné du botaniste français Aimé Bonpland (1773-1858) parcourut l'Amérique espagnole avec deux baromètres, plusieurs thermomètres, deux hygromètres, deux électromètres pour mesurer le champ électrique atmosphérique, un eudiomètre pour évaluer la teneur en oxygène de l'air, des pluviomètres, des appareils pour évaluer la teneur en dioxyde de carbone, ainsi que beaucoup d'instruments de géodésie. Pierre Simon Laplace (1749-1827) proposa à l'Académie des Sciences une ascension en ballon pour vérifier, entre autres choses, l'uniformité de la composition de l'air en altitude. Le 20 août 1804, Louis-Joseph Gay-Lussac (1778-1850) et Jean-

Baptiste Biot (1774-1862) emportaient dans la nacelle d'un ballon utilisé lors de la bataille de Fleurus (26 juin 1794) des baromètres, des thermomètres, des hygromètres et quantité de petits animaux. Trop chargé, le ballon ne dépassa pas 4 000 m d'altitude. Le 16 septembre de la même année Gay-Lussac repartit seul avec le même ballon. Il atteignit 7 016 m et se posa près de Rouen. Il vérifia que la composition de l'air est uniforme, mais admit que les mesures, faites dans des conditions difficiles, n'étaient peut-être pas très précises.

L'un des premiers articles consacrés à la description chiffrée du climat est relatif au Sénégal et plus particulièrement à Saint-Louis du Sénégal. Il exploitait environ 20 ans de mesures commencées en 1829, assez peu de temps après l'arrivée mouvementée d'une partie de l'équipage de La Méduse.

A. Angot publia, en 1895, un *Premier catalogue des observations météorologiques faites en France depuis l'origine jusqu'en 1850* dans les Annales du Bureau central météorologique de France.

En 1842, l'Américain Matthew Fontaine Maury (1806-1873) dressa les premières Pilot Charts où sont consignées, pour chaque mois de l'année et chaque carreau d'océan de 5°x5°, la vitesse du vent selon chaque direction de la rose* de 8. Ces statistiques sont mises à jour et complétées régulièrement à l'aide des livres de bord des navires (Fig. 12).

Considérons par exemple la rose située immédiatement au nord du delta du Nil. Au centre on lit 3 (3 % des journées de juillet sont sans vent, soit 1 jour par mois), la plus longue des directions est celle du nord-ouest (les vents étésiens*), sur laquelle on lit 59, ce qui signifie que 59 % des vents observés en juillet (soit 18 jours) dans cette partie de la mer Méditerranée viennent du nord-ouest ; leur vitesse moyenne, donnée par les barbules à l'extrémité de la hampe est de 3 Beaufort*, ce qui signifie qu'elle est comprise entre 12 et 19 kmh^{-1}.

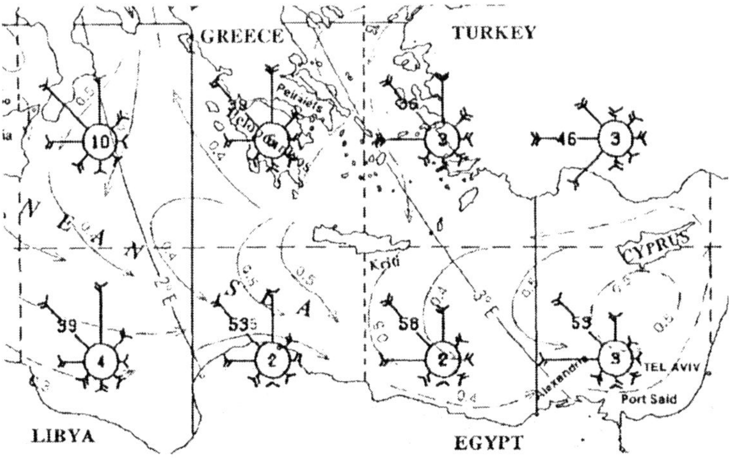

Figure12. *Exemple de Pilot Chart sur la Méditerranée orientale pour juillet.*

Dans chaque rectangle de 5°x5°, la longueur des traits de la rose* de huit est proportionnelle à la fréquence des vents dans la direction indiquée. Leur vitesse moyenne est marquée par les barbules à leur extrémité, selon l'échelle de Beaufort*. La fréquence des vents calmes est portée au centre du petit disque. Les flèches donnent la direction des courants marins dont la vitesse en nœud* est écrite au-dessus ; les fines lignes continues indiquent la déclinaison* magnétique. On trouve ces cartes sur :
http://pollux.nss.nima.mil/NAV_PUBS/APC/Pub106/106jan.pdf).

Ce découpage de la surface de la terre en carrés limités par des parallèles et des méridiens régulièrement espacés est utilisé aujourd'hui pour y porter les réanalyses* issues des modèles* de prévision du temps (voir chapitre 5).

L'anarchiste communard et dreyfusard Élisée Reclus (1830 - 1905) donne un tour nouveau à la géographie. Grand voyageur : Belgique, Pays – Bas, Allemagne, Suisse, Asie Mineure, Égypte, Tunisie, Algérie, Amérique du Nord, Colombie, il est l'auteur d'une œuvre monumentale. Dans sa *Nouvelle Géographie Universelle,* Reclus[16] profitant de toutes les

[16] Reclus E. *Nouvelle géographie universelle.* Paris : Hachette, 1875.

mesures météorologiques disponibles (et elles commencent à devenir nombreuses) publie des cartes d'isothermes et d'isohyètes* sur la France, des cartes des vents dominants sur l'Atlantique, et du nombre annuel de jours de pluie. Il décrit très précisément le climat de la façade océanique de l'Afrique au nord de l'équateur. Il note la très grande variabilité des précipitations à Freetown (Sierra Leone) où l'on a recueilli 7,72 m de pluie en 1829 et seulement 0,89 m en 1858, tandis que la moyenne (sur 9 ans) est de 3,33 m, valeur encore observée de nos jours (d'après l'Atlas de Nicholson *et al.*[17]). Reclus se fait lyrique lorsqu'il décrit la mousson indienne.

La grande crise annuelle, le drame que racontent les anciens poèmes et qui a pris une importance capitale dans la mythologie des Hindous, c'est l'arrivée de la mousson pluvieuse ; ainsi que le signifie son nom arabe de maussim, la mousson est la saison par excellence. Les grandes chaleurs qui accompagnent la marche du soleil dardant verticalement ses rayons au-dessus de l'Hindoustan, dilatent l'atmosphère de la contrée et la font monter en colonnes dans les régions supérieures : l'Inde entière se change en fournaise d'appel, les masses aériennes qui reposent sur l'océan, saturées de vapeur d'eau, s'ébranlent et se portent vers la Péninsule. Sur les côtes de Malabar, du Konkan, de Bombay, le courant aérien de la mousson pluvieuse vient du sud-ouest et marche précisément en sens inverse des alizés du nord-est. Il semblerait être formé par les contre-alizés descendus des régions supérieures de l'atmosphère pour souffler à la surface du sol ; il est probable toutefois, qu'il faut y voir, du moins en partie, la continuation des vents alizés de l'hémisphère méridional attirés (sic) *au nord par le foyer des Indes et graduellement infléchis vers de nord-est par la rotation de la Terre […]. Tandis que les vents alizés sont un phénomène d'ordre cosmique, ayant pour cause première les mouvements de la planète et sa position relativement au soleil, la mousson provient de l'inégale distribution des continents à la surface du globe ; que les terres*

[17] Nicholson *et al.* 1988, *ibid.*

et les mers soient réparties autrement, et par cela même toute la géographie des moussons se trouvera changée.

Les explications récentes de la mousson indienne d'été sont en accord avec l'idée que les vents de sud-ouest qui atteignent la côte ouest sont la continuation des vents alizés de l'hémisphère Sud comme l'expérience Balsamine l'a montré (voir figure 4).

Il m'est difficile de résister à l'envie de citer encore une fois Reclus dans sa description de l'arrivée de la mousson ; il y met une verve et une couleur assez éloignées du style froid et concis de nos articles dans les revues scientifiques, bridés que nous sommes par le prix de la page imprimée que réclament aux auteurs les éditeurs, et aussi par une certaine vergogne à céder au lyrisme, inconnue au 19ème siècle.

... Tout régional que soit en partie le phénomène de la mousson, il n'en est pas moins l'un des plus remarquables de la Terre par sa puissance et la majesté de son apparition. De Matheran, près de Bombay, de Mahabalechvar ou de tel autre promontoire des Ghat occidentales, d'où l'on contemple à la fois la mer, les rivages et les gorges des montagnes, on peut embrasser dans son ensemble le spectacle que présente l'arrivée du météore. Du 6 au 18 juin, suivant les années, s'amassent les premiers nuages de tempête, avant-coureurs de la mousson. Sur un côté de l'horizon, les vapeurs cuivrées s'empilent en tours, se groupent en « éléphants » suivant l'expression locale, puis s'avancent lentement vers la terre ; la nue s'épaissit, elle recouvre la moitié du ciel, tandis que l'autre moitié n'a pas une tache dans son azur. D'un côté, les ténèbres enveloppent bientôt les montagnes et la vallée, tandis qu'au loin le tracé des rivages apparaît avec une netteté merveilleuse, et que la mer, les rivières pareilles à des plaques d'acier, les campagnes, les villes éparses, semblent briller d'un éclat surnaturel. Le tonnerre commence à gronder, les nuages se heurtent contre les escarpements des Ghat et la tempête se déchaîne, les éclairs se succèdent sans interruption, la foudre roule incessamment dans l'espace, la pluie s'abat en torrents. Puis une déchirure se fait dans l'épaisseur des nuées, la clarté

revient peu à peu, la nature s'illumine de nouveau sous le soleil couchant, et de toutes ces masses écroulées du ciel il ne reste plus que de légers brouillards remontant des vallées, ou s'effrangeant aux sommets des arbres. Tel est ordinairement le premier orage de la mousson, précédant les pluies régulières ; mais il arrive aussi que les nuées pluvieuses se présentent sans accompagnement de tonnerre ; l'obscurité s'empare soudain de l'espace et l'averse commence. Parfois les nuages défilent pendant un ou deux jours le long des promontoires, comme des vaisseaux de guerre passant au large d'une forteresse ; en doublant le cap, chaque nuage envoie son éclair et sa foudre ; on dirait que le ciel est en guerre avec les montagnes.

Après ce morceau d'éloquence, on comprend pourquoi les études de géographie se font à la faculté des lettres.

À la fin du 19ème siècle les séries d'observations météorologiques commencent à s'allonger et il devient possible d'en calculer des moyennes statistiquement significatives*. L'accès à d'autres éléments statistiques relatifs à ces séries tels l'écart-type*, le spectre* de puissance ou encore le coefficient de corrélation* linéaire entre deux séries chronologiques, est malaisé faute de calculatrices rapides. Ils ne feront régulièrement partie des descriptions du climat qu'après l'apparition des ordinateurs.

Le très positiviste Paul Vidal de la Blache (1845-1918) publie un *Tableau de la géographie de la France* (1903) ouvrage fondateur de la géographie française, dans lequel il décrit l'état du territoire au début du 20ème siècle. L'auteur a utilisé les résultats des travaux de ses élèves à chacun de qui il avait confié l'étude d'une petite région. C'est ainsi que Raoul de Félice (1880 – 1912) s'était vu proposé comme sujet de thèse la Basse-Normandie : l'ouest des départements du Calvados et de l'Orne et le département de la Manche en entier. Son étude du climat est très fouillée et fort longue. Il ne se contente pas d'écrire que la Basse-Normandie a un climat tempéré et humide, en ajoutant quelques mots sur le régime des pluies. Il utilise des séries chronologiques de température et de précipitation dont la durée, cependant, n'excède pas trente ans et parfois pas dix. Il trace des cartes d'isothermes et d'isohyètes*, de $T_{max} - T_{min}$, pour les quatre saisons. Il remarque que les isothermes sont grossièrement parallèles aux côtes et ignorent la latitude. Il voit aussi que les isohyètes dessinent à peu près le relief, même dans le département de la Manche où les altitudes ne dépassent guère 200 m. Il trace des courbes de la fréquence des vents et des courbes de l'humidité relative (1873 – 1893). Sa critique d'un auteur qui, ayant observé une baisse des précipitations annuelles de 800 à 620 mm en vingt ans, se risque à prédire une diminution des pluies qui va continuer jusqu'à la fin des temps, et qui s'appuie sur une série si courte, est instructive car elle dévoile les étranges théories qui avaient encore cours à la fin du 19ème siècle. *Guilbert*[18], note-t-il, *suppose que cette diminution des quantités de pluie doit se continuer depuis l'origine même des précipitations aqueuses. Dans la pensée de cet auteur cette origine n'est pas extrêmement lointaine car pour lui, la période glaciaire doit son origine à la formation même des premières pluies tombées sur le globe.* R. de Félice attribuerait plutôt cette diminution à des oscillations (période ~35 ans) décrites par Eduard Brückner (1862-1927)[19] ou par Albert Auguste de Lapparent (1839-1908)[20] qui observent des oscillations de période voisine de 35 ans, et y distinguent des suites d'années pluvieuses : 1806-1825, 1841-1855, 1871-1885 et des suites d'années sèches : 1826-1840, 1856-1870 ; en Basse-Normandie on aurait une suite d'années sèches de 1886 à 1900. R. de Félice estime qu'avec vingt ans seulement d'observations il n'est pas possible de conclure à l'augmentation ou à la décroissance des précipitations car l'idée prévaut alors que le climat ne change pas et que les faibles variations que l'on observe ne sont que des accidents. La climatologie est définie comme le temps moyen.

---

[18] Guilbert M. Sur la diminution progressive des pluies dans le Calvados. *Annales de la Soc Météor de France* 1895 ; 28-30.
[19] Brückner E. *Klimaschwankungen*. Wien, 1890.
[20] Lapparent A de. *Traité de géologie*. Paris, 1885.

Classifications des climats

Dans la Bible (Genèse, 2, 2), nommer les animaux est la première tâche scientifique qu'Élohim (traduction : les dieux) confie à l'homme. Il est beaucoup plus simple de dire un mouton que : un petit animal à quatre pattes, à sang chaud, pesant environ 20 à 40 kg, de couleur blanche, brune et parfois noire, etc.., aussi, comme l'a fait Adam, les géographes ont ils préféré donner des noms aux formations géologiques, aux types de reliefs et de végétation. Il était plus commode (mais peut-être moins précis) de nommer les climats que de produire, comme le fait Reclus et beaucoup d'autres, de grands tableaux de chiffres où, en face des noms de lieux on indique les températures moyennes de l'hiver, de l'été, de l'année, les hauteurs des précipitations ou plus facile même que de tracer des cartes d'isothermes ou d'isohyètes. Aussi est-ce à la fin du 19ème siècle et au début du 20ème qu'apparaissent des classifications des climats. La climatologie devient une science à part entière, grâce notamment au météorologiste Julius von Hann (1839-1921, Autriche) et à son *Handbuch der Klimatologie* (1883), aux géographes A.J. Herbertson (1865-1915, États-Unis), Alexandre Voeykov (1842-1916, Russie) et surtout grâce à W.P. Köppen (1846-1940), Allemand d'origine russe. La classification des climats qu'il a mise au point et qui a été retouchée par son élève Rudolph Geiger (1894-1981) est toujours utilisée. Köppen[21] distingue cinq zones climatiques qu'il découpe en onze types, puis en sous-types :

A, climats tropicaux sans saison froide (forêt équatoriale, savane) où tous les mois ont une moyenne thermique supérieure à 18°C ;

B, climats arides et sub-arides (déserts, steppes) où *la sécheresse est tyrannique pour la végétation ;*

C, climats des moyennes latitudes à hivers froids (forêts de feuillus ou mixtes) ; au moins un mois n'y atteint pas la température moyenne de 18°C ;

[21] Köppen WP. *Die Klimate der Erde*. Leipzig, 1923.

D, climats des moyennes latitudes à hivers très froids (forêts de conifères) ; la limite entre C et D est l'isotherme –3°C pour le mois le plus froid ;

E, climats sans véritable saison chaude (toundra) où *le froid est tyrannique pour la végétation.*

On subdivise A, C, D en fonction de la répartition saisonnière des précipitations : Aw, Cw, Dw ont une saison sèche en hiver (w rappelle *Winter*, hiver en allemand) ;

Am est un climat de mousson, les pluies de mousson (été) compensent la sécheresse de l'hiver à la différence de Aw où il n'y a pas de compensation ;

Af, Cf, Df ont des pluies en toutes saisons (f rappelle *feucht*, humide en allemand) ;

Cs a une saison sèche en été (s rappelle *Sommer*, été en allemand) ;

BW, climat aride des déserts (W rappelle *Wüste*, désert en allemand) ;

BS, climat aride des steppes ;

EF, climat où la température moyenne du mois le plus chaud est comprise entre 0° et 10°C.

On découpe encore C et D en fonction des températures de l'été.

La figure 13 présente les climats du globe selon la classification de Köppen. Elle est empruntée à Lamb[22]. La classification de Flohn [23] (1912-1997), postérieure à celle de Köppen, ne considère pas uniquement la température et les précipitations mais aussi les vents et la position de la région selon qu'elle est à l'est ou à l'ouest des continents. Elle est liée de très près à ce que l'on désigne par la circulation générale de l'atmosphère. Ce point est repris dans la conclusion de ce livre.

---

[22] Lamb HH. *Climate, Present, Past and Future.* Londres : Methuen and Co, 1972 ; et vol 2, 1977.

[23] Flohn H. *Anschauungen über die allgemeine Zirkulation der Erde und ihre klimatische Bedeutung* 1950.

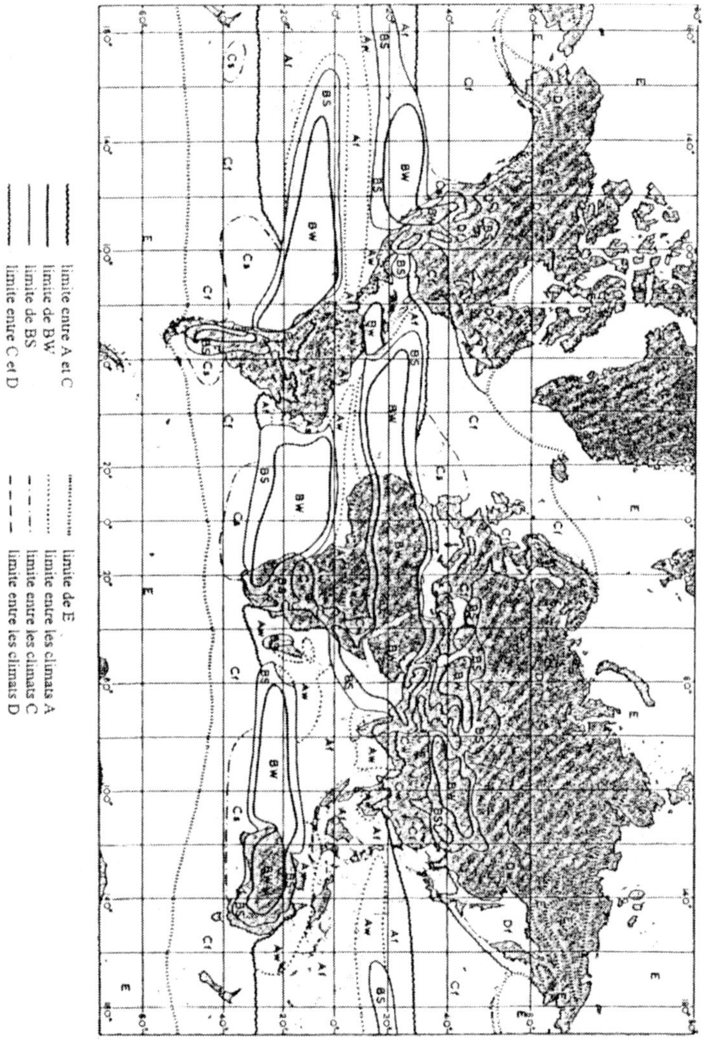

Figure 13. *Les climats du globe selon la classification de Köppen.*

Les indices climatiques

Ces classifications concernent tous les climats de la terre de sorte qu'elles ne peuvent pas toujours décrire précisément les variétés de climats que l'on peut rencontrer dans une région parfois peu étendue. Dans le but de lier climat et végétation dans le Bassin Méditerranéen, le botaniste H. Gaussen a inventé le diagramme ombrothermique qui a connu une très grande vogue dans la deuxième moitié du 20ème siècle. Sur un diagramme orthonormé on porte en abscisse les mois de l'année et en ordonnée leur température T moyenne ainsi que la hauteur mensuelle moyenne P des précipitations. Les échelles verticales sont choisies de telle sorte que $P = 2T$, où P est en mm et T en °C. Le mois est réputé pluvieux lorsque le bâton qui représente les précipitations dépasse la courbe des températures, et sec dans le cas contraire. Sur la figure 14, relative à une station sahélienne, seuls les mois d'août et de septembre seraient réputés pluvieux ; on remarquera que les époques où la température est maximum précèdent et suivent les maximums de précipitation.

Il n'est pas possible de décrire ni même de nommer tous les indices bioclimatiques qui ont été inventés tant ils sont nombreux. La plupart d'entre eux sont à base de moyennes de températures et de hauteurs de précipitations. D'autres font intervenir l'évapotranspiration* potentielle, ETP. Ainsi l'indice d'aridité P/ETP, où P est encore la hauteur des précipitations, permet de classer les climats où les pluies sont rares : un climat est dit aride si $0{,}03 < P/ETP < 0{,}2$ et semi-aride si $0{,}2 < P/ETP < 0{,}5$. Toujours en utilisant ETP, la FAO (Food and Agriculture Organization of the United Nations, en français Organisation des Nations Unies pour l'alimentation et l'agriculture) appelle période de croissance (PDC) le nombre de jours de l'année où $P > ETP/2$; si $PDC < 75$, le climat est aride, et si $75 < PDC < 119$, il est semi-aride.

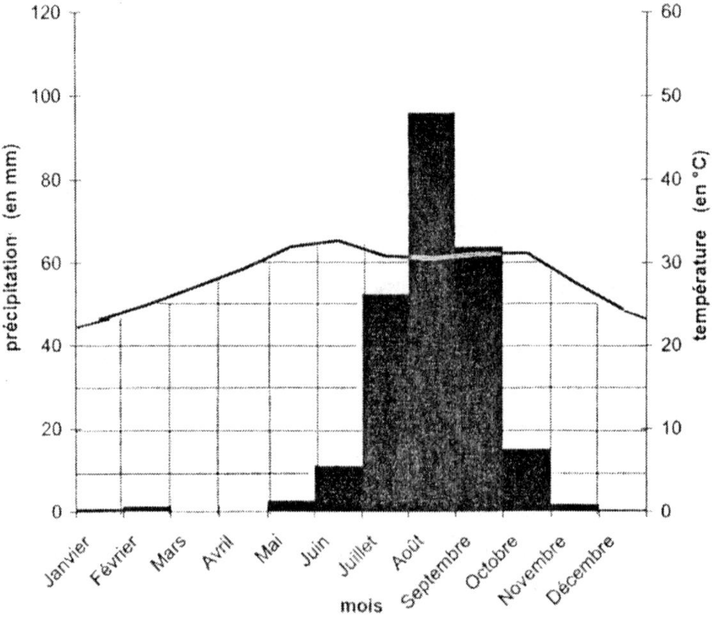

Figure 14. *Diagramme ombrothermique de la station de Boutilimit (Mauritanie).*

En ordonnée à gauche, la hauteur moyenne mensuelle des précipitations (mm), à droite la température moyenne mensuelle (°C).

On voit par ces exemples que les indices climatiques qui ont fleuri après la Première Guerre mondiale avaient pour but de lier de façon simple la végétation et le climat, particulièrement dans les régions où les cumuls de précipitation sont faibles.

Microclimatologie

Bien avant que l'on songe à étudier le climat à petite échelle, les hommes s'étaient efforcés de créer des conditions favorables à leur vie, ainsi qu'à celle des animaux et des plantes, c'est-à-dire à créer des microclimats. Je ne me lancerai pas à faire l'histoire du vêtement ou de l'architecture en comparant les cabanes en bois tressé de certaines régions tropicales aux trous sibériens recouverts de branchages, mais j'évoquerai les efforts des jardiniers pour modifier localement le climat.

Dans son *Théâtre d'agriculture et mesnage des champs*, Olivier de Serres (1539-1619) (l'adresse Au Roi est du *premier jour de Mars mil six cens*) recommande que le domaine que l'on se propose d'exploiter *soit posé en bon et salutaire aer,* sans préciser ce qu'est un air bon et salutaire. Pour connaître les qualités de l'air et de l'eau au lieu où l'on veut s'établir *il ne faut que fréquenter le lieu où désirés vous loger, seulement trois jours en chacune saison* ; et de citer Pline : *Pour bien entendre les propriétés de la terre, la recherche des facultés du ciel [...] est du tout nécessaire, [...] ce sont les climats qui, par influence céleste, donnent loi à la terre.*

Louis XIV était friand de primeurs et en particulier de petits pois et d'asperges, aussi son jardinier Jean Christophe de La Quintinie (1626-1688) s'efforçait-il de prolonger la saison de ces légumes. Il utilisait pour cela toutes sortes de procédés, construisant des murs qui protégeaient *des vents fâcheux*, accumulaient la chaleur le jour et la restituaient la nuit, évitant *les gelées printanières.* Il faisait placer du fumier qui dégageait de la chaleur en fermentant près des cultures qu'il voulait chauffer. Comme le Roi, on peut encore visiter son potager, qui est situé entre la Pièce d'eau des Suisses et la cathédrale St Louis, à Versailles.

Des haies de cyprès furent plantées dans la basse vallée du Rhône pour protéger les cultures du mistral. Au milieu du dix-neuvième siècle, le seigneur des îles Sorlingues (Scilly Islands, au sud-ouest de la Cornouaille anglaise), recommanda fortement à ses vassaux de planter des haies de peupliers et de thuyas pour abriter leurs petits champs des vents d'ouest de l'Atlantique.

Il semble que Gregor Kraus (1841-1915) fut le premier à s'être soucié d'étudier les climats de régions limitées résultant de la modification du climat général sous l'effet de différences locales naturelles, comme le relief ou la végétation par exemple, ou artificielle comme une ville ; cependant c'est le professeur Rudolph Geiger qui est considéré comme le père de la microclimatologie ; son ouvrage *The climate near the ground*[24] a paru en 1927. Cette nouvelle branche de la climatologie étudie les paramètres classiques de vent, de température, de rayonnement, d'humidité, etc. dans les très basses couches de l'atmosphère. On s'intéresse à la nature du sol, terrain nu ou couvert de végétation, à sa composition dont dépend sa conductivité thermique, au bilan des échanges entre le sol et l'atmosphère liés au contenu en eau du sol et à la hauteur de la végétation. On mesure les répartitions verticales de la température et de l'humidité de l'air au-dessus des étendues liquides ou glacées, au-dessus d'un sol gelé ou couvert de neige. R. Geiger fait de nombreuses observations dans les forêts et s'intéresse au rôle climatique de la pente du sol.

Les résultats des études de W. Ekman (1874-1954) dans l'océan sur la variation de la direction des courants selon la profondeur, au voisinage de la surface, peuvent être appliqués aux basses couches de l'atmosphère. Les météorologistes publient des courbes de la variation de la vitesse et de la direction du vent en fonction de la hauteur au-dessus du sol (Fig.15).

La répartition verticale de la vitesse dans la couche atmosphérique voisine du sol dépend de la rugosité* de celui-ci, c'est-à-dire de la hauteur moyenne des obstacles, brins d'herbes, buissons, arbres, etc. Plus petits sont ces obstacles et plus vite croît la vitesse du vent avec la hauteur.

Plusieurs chercheurs se sont intéressés à l'effet des brise-vent sur la température et sur l'évapotranspiration, en particulier lorsque les agriculteurs ont été incités au remembrement de leurs propriétés et à l'arrachage des haies dans les régions bocagères.

L'effet des levées de terrain édifiées pour le passage de routes ou de voies ferrées, sur le climat de leur voisinage a été étudié, ainsi que le climat dans les serres.

---

[24] Geiger R, Aron RH, Todhunter P. *The climate near the ground*. 1927 ; (la dernière édition est de 2003).

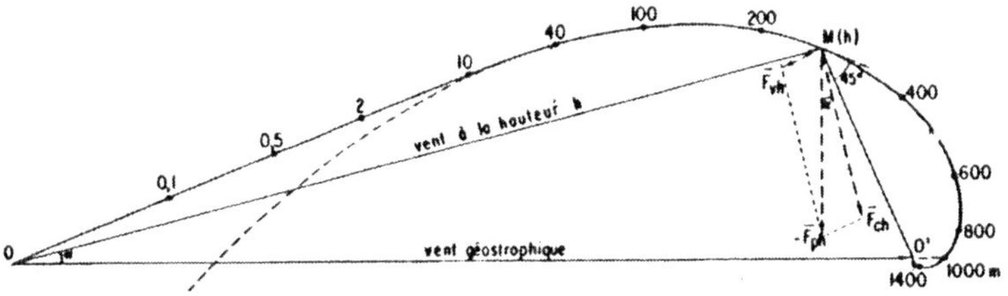

Figure 15. *Modèle d'odographe du vent dans la couche de frottement*

Cas d'une latitude moyenne de l'hémisphère Nord. Le vent **U** (supposé horizontal) étant représenté par le vecteur **OM** dans le plan de la figure, où O est un point fixe, la courbe en trait continu est le lieu de M quand la hauteur au-dessus du sol varie : c'est donc l'odographe du vent relativement à h, dont la valeur en mètres est indiquée pour divers points. Dans les très basses couches (entre 0 et 10 m environ) l'odographe est pratiquement rectiligne, c'est-à-dire que la direction du vent y est indépendante de la hauteur au-dessus du sol ; plus haut la forme de la courbe est celle d'une spirale logarithmique appelée spirale d'Ekman ; au-dessus de 1000 à 1500 m, on admet que le vent est géostrophique*, ce qui signifie qu'il résulte de l'équilibre entre la force de pression et la force de Coriolis. Cette figure est empruntée à P. Queney[25].

Les grandes villes ont des températures généralement supérieures à celles de la campagne environnante. La chaleur absorbée par les constructions au cours de la journée est restituée à l'air des rues pendant la nuit, tandis que dans la campagne une fraction du rayonnement absorbé pendant le jour est utilisée à faire croître les plantes et surtout à évaporer une partie de l'eau accumulée dans le sol alors qu'en ville le sol est imperméable et l'eau de pluie coule à l'égout ou à la rivière.

La canopée des forêts denses se comporte comme un sol, de sorte que la température décroît du sommet des arbres vers leur

[25] Queney P. *Éléments de météorologie*. Paris : Masson, 1974.

pied, la différence entre le haut et le bas pouvant atteindre 5°C dans la journée.

Dans les centres de recherche tel le Centre Scientifique et Technique du Bâtiment (CSTB), on évalue l'effet de tel mode de chauffage, de tel revêtement de sol sur le climat des logements.

On cherche à connaître le climat de cavités encore plus petites comme celui d'une ruche ou d'un terrier de rongeur.

Poursuite de la découverte des climats du globe

Pendant que les géographes et les botanistes, pour caractériser les climats, combinent les moyennes de température, de précipitation, d'évapotranspiration, etc., l'exploration de la terre se poursuit. Les latitudes moyennes commencent à être assez bien connues, mais il n'en est pas de même des régions polaires et tropicales. Si deux campagnes de mesures, les années polaires 1882-83 et 1932-33 avaient fait connaître le pôle Nord, l'Antarctique était encore peu exploré. Durant l'Année Géophysique Internationale (1/7/1957-31/12/1958) la communauté scientifique installait une quarantaine de postes d'observation sur le continent Antarctique : géodésie, séismologie, volcanologie, météorologie, océanographie, glaciologie, etc. Cet effort fut prolongé dans un certain nombre de stations qui continuent d'être régulièrement occupées. C'est à l'occasion de cette campagne que vola le premier satellite artificiel, Spoutnik-1 (URSS), le 4/10/1957. À partir de cette époque, un grand nombre de satellites artificiels furent lancés. Plusieurs d'entre eux ont pour mission d'explorer l'océan et l'atmosphère : températures de surface, courants océaniques, vent, répartitions verticales de la température de l'air, de son humidité, de la teneur de l'air en certains gaz tels l'ozone ou le dioxyde de carbone ; seule, semble-t-il, la pression atmosphérique en surface échappe encore à la mesure par satellite.

Les grandes campagnes de mesure qui sont organisées dans la deuxième moitié du vingtième siècle ont principalement pour but de comprendre les phénomènes physiques et chimiques qui se produisent dans des régions peu connues plutôt que d'y récolter des observations. Il s'agit de pouvoir paramétriser ces phénomènes dans les modèles* de prévision (voir chapitre 5). La communauté scientifique commence à s'intéresser aux interactions entre l'océan et l'atmosphère. La campagne BOMEX (Barbados Oceanographic and Meteorologic Experiment), qui se déroule de mai à juillet 1969, tente de mesurer les échanges de chaleur et de quantité de mouvement entre les deux milieux fluides. L'ETGA (Expérience Tropicale du Garp dans l'Atlantique, en anglais GATE) est un effort sans précédent pour mieux comprendre les phénomènes météorologiques de l'Afrique de l'Ouest et de l'Atlantique Est tropical. Elle se déroule pendant l'été 1974, à la fois sur le continent africain où plus de 16 stations de radiosondage fonctionnent pendant les mois de juin, juillet, août et septembre (alors qu'habituellement il n'y en guère que cinq ou six) et sur le proche Atlantique tropical où treize navires équipés de nombreux appareils sont armés par les nations participantes. Beaucoup de résultats sur le climat tropical, qui font encore autorité, sont basés sur les mesures collectées durant l'ETGA. C'est le cas, par exemple, des ondes d'Est de la troposphère africaine, décelées dès 1936 mais dont les principales caractéristiques ont été établies à la suite des mesures rassemblées à Dakar en 1974.

Grâce aux nombreuses données qui s'accumulent on étudie des phénomènes connus parfois depuis longtemps. C'est ainsi que l'on commence à mieux comprendre le phénomène ENSO* décrit depuis le 16ème siècle par les conquistadores espagnols, et à mieux évaluer son impact sur le climat de la planète. Il en est de même de l'oscillation quasi-biennale (en anglais QBO*), et de son couplage avec la température de surface de la mer et la fréquence des cyclones tropicaux. L'oscillation Nord-Atlantique (en anglais NAO), qui se mesure par la différence de la pression entre les Açores (ou Lisbonne, ou Gibraltar) et l'Islande, a un fort impact sur le climat de l'Atlantique Nord ; lorsque la différence de pression est grande, les hivers de l'Europe du nord-ouest sont tièdes et humides, ceux du Canada froids et secs et au contraire, lorsque la différence de pression est petite, l'hiver de l'Europe occidentale est froid et sec mais humide en Méditerranée.

Ces relations entre le temps de diverses régions de la terre sont appelées téléconnexions. Les climatologistes ont commencé par les constater (voir tableau III) puis ils se sont efforcés de les expliquer par des causes et des effets faisant intervenir les lois de la physique. Il ne s'agit pas ici de l'effet papillon introduit par Lorenz[26] qui reprenait d'ailleurs une idée de Poincaré (1854-1912)[27] : *Un dixième de degré en plus ou en moins en un point quelconque [...], un cyclone éclate ici et non pas là*. Les causes que l'on invoque ne sont pas les battements d'ailes d'un papillon (Lorenz avait d'abord parlé des battements d'ailes d'une mouette), mais des phénomènes de beaucoup plus grande ampleur.

Depuis la fin du vingtième siècle les climatologistes utilisent principalement une nouvelle source de donnée : les réanalyses*, qui sont issues des modèles de prévision numérique du temps. Pour éviter des répétitions, je parlerai de ces réanalyses au chapitre 5 dans lequel je décris les modèles de prévision du climat directement hérités des modèles de prévision du temps ; les réanalyses sont, en quelque sorte, un sous-produit des prévisions numériques du temps.

Malgré les performances toujours améliorées des satellites, l'exploration plus directe de la planète n'a pas cessé. Des expériences sont en cours ou programmées pour mieux comprendre certains phénomènes de petite échelle, en particulier dans les tropiques car, outre un manque de stations d'observation au sol dans ces basses latitudes, les gradients* de pression et la force de Coriolis* sont faibles de sorte que les forces de frottement, souvent négligeables aux latitudes plus élevées deviennent relativement importantes. Une meilleure

---

26 Lorenz E. A study of the predictability of a 28-variable atmospheric model. *Tellus* 1965 ; series A17 : 321-333.

27 Poincaré H. *La science et l'hypothèse*. 1908.

connaissance du climat de toute la planète passe par une meilleure compréhension des phénomènes tropicaux.

Méthodes de traitement des données

Dans cette dernière partie du chapitre 2 consacré à l'étude du climat, je vais passer en revue quelques méthodes qui sont appliquées pour extraire des séries de données météorologiques, telles qu'en fournissent les réanalyses par exemple, des caractères plus ou moins permanents, réguliers ou récurrents.

Comme je l'ai dit plus haut, la moyenne arithmétique a été longtemps le principal outil des climatologistes qui ne disposaient pas de calculateurs puissants. Mais on s'est vite avisé que la moyenne ne rendait pas compte d'un facteur important qui est la variabilité. Ainsi la température diurne de l'air en surface dans les régions équatoriales, que l'on calcule (comme partout ailleurs) en faisant la demi somme de la température maximum T_{max} et de la température minimum T_{min}, n'exprime pas l'importante variation diurne qui est de l'ordre de 10°C dans la cuvette congolaise tandis que les fluctuations annuelles de la température moyenne mensuelle n'y sont que de 1°C environ. Une mesure de cette variabilité est l'écart-type*, qu'il est encore possible, à la rigueur, de calculer à la main.

Recherche des périodicités

La recherche des périodicités dans un signal temporel a occupé nombre de climatologistes, mais aussi des économistes et des sociologues. Grâce à une somme prodigieuse de calculs numériques on a tenté de retrouver le cycle solaire de 11 ans dans les cernes des arbres, le cours du maïs, le chômage, le niveau du lac Victoria. Brückner, déjà cité, a trouvé un cycle de 35 ans dans les dates des vendanges, les langues terminales des glaciers. Le Roy Ladurie[28] se moque des auteurs qui tentent des prévisions en prolongeant ces cycles. Il est évidemment

[28] Le Roy Ladurie.1983, *ibid.*

hasardeux de les utiliser comme des outils pour la prévision, mais la recherche des périodicités dans un signal temporel est cependant très utile parfois à la compréhension de certains phénomènes. Cette recherche peut être faite grâce au spectre* de puissance qui fournit pour chaque période possible, son « énergie » dans la série chronologique étudiée. L'analyse en ondelettes, mise au point par Jean Morlet en 1982, renseigne non seulement sur l'énergie des ondes élémentaires contenues dans le signal temporel s(*t*) mais aussi sur les instants d'apparition de celles-ci. La figure 16 est un exemple d'utilisation de l'analyse en ondelettes pour l'étude du vent en Afrique de l'Ouest en été.

On remarque en (a) une suite d'oscillations autour de la valeur 0 ms^{-1} qui, à première vue, paraissent désordonnées. La partie (b) est le résultat de l'analyse en ondelettes. Les phases I, II et III de l'ETGA étaient des intervalles pendant lesquels les observations étaient plus nombreuses. On note que les ondes de période comprise entre 3 et 5 jours s'observent à plusieurs reprises pendant l'été et qu'elles ont eu une forte amplitude depuis la fin d'août jusqu'au 20 septembre environ (phase III). On note aussi des ondes de période nettement plus longue, de l'ordre de 7 jours, pendant tout le mois de juillet (phase I) ainsi que vers le 15 septembre. Ces deux sortes d'ondes sont appelées ondes d'Est car elles se propagent d'est en ouest, ce qui ne peut pas se voir sur la figure ; on a donné le nom d'ondes africaines aux plus courtes et d'ondes de 6 – 9 jours aux plus longues. Cet exemple montre l'apport de l'analyse en ondelettes à la connaissance du climat sahélien.

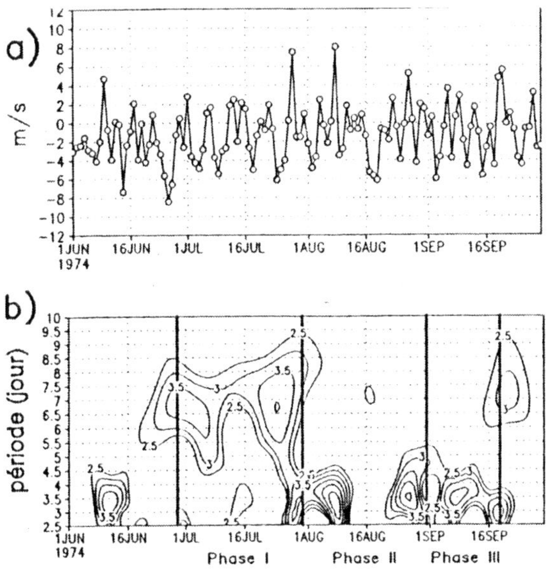

Figure 16. *Exemple d'analyse en ondelettes* de la composante méridienne diurne du vent (ms^{-1}) à 700 hPa durant l'été 1974 (1 juin-30 septembre) au point de grille 15°N ; 12,5°O (près de Bakel, Sénégal) ; (a) vent d'après les réanalyses du CEPMMT ; (b) module (ms^{-1}) de la transformée par ondelettes du vent méridien en fonction de la période (en jour, en ordonnée); les isotaches inférieures à 2,5 ms^{-1} ne sont pas tracées ; les trois phases actives de l'ETGA sont indiquées ; d'après Diedhiou *et al.*[29]

Si l'on veut isoler et analyser un phénomène périodique particulier, détecté par l'analyse en ondelettes ou par le spectre de puissance, dans une série chronologique (par exemple la composante zonale diurne du vent dans une série de plusieurs mois) on peut utiliser un filtre* numérique. Il permet d'extraire l'essentiel de l'information relative au phénomène, en éliminant le bruit qui est tout signal que l'on considère comme indépendant du phénomène. La figure 17 présente la

[29] Diedhiou A, Janicot S, Viltard A, de Félice P, Laurent H. Easterly wave regimes and associated convection over West Africa and tropical Atlantic : results from the NCEP/NCAR and ECMWF reanalyses. *Climate Dynamics* 1999 ; 795-822.

composante zonale diurne du vent au point 12,5°N ; 10°O, à 700 hPa, du 1er juin au 30 septembre 1981.

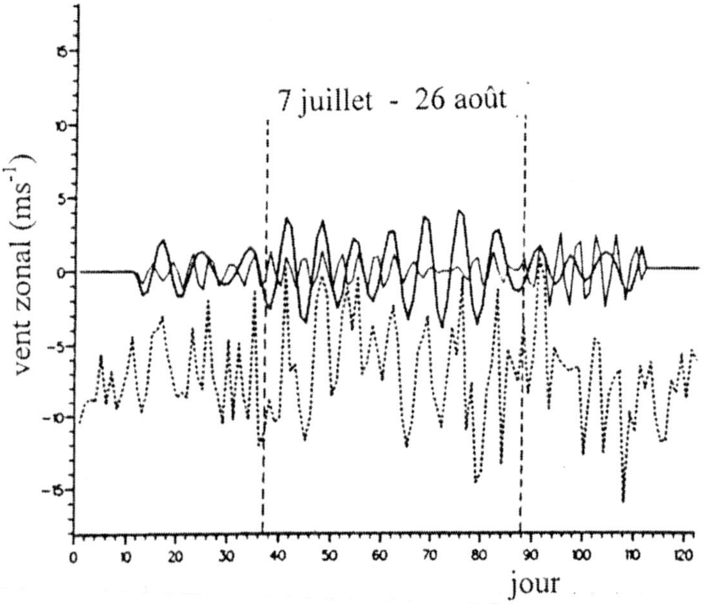

Figure 17. *Composante zonale du vent en été 1981,*
trait interrompu ; filtrée autour de 4 jours, trait continu fin ; filtrée autour de 7 jours, trait continu épais.

Le vent fourni par les analyses du Centre Européen pour les Prévisions Météorologiques à Moyen Terme, CEPMMT, (à l'époque où les courbes ont été tracées, les réanalyses n'étaient pas disponibles) est en pointillé ; il est toujours négatif (sauf le 11 juillet où il est nul et le 29 août où il est très légèrement positif c'est-à-dire d'ouest). Le vent filtré par un filtre centré sur la période 7,18 jours est représenté par un large trait continu et par un trait continu fin lorsqu'il est filtré dans une bande de périodes 3-4 jours. Avec un peu d'entraînement, on devine des oscillations plus ou moins régulières dans le signal non filtré alors que le signal filtré autour de la période 7,18 jours met en évidence des ondes régulières dont l'amplitude atteint 4 ms^{-1} du début de juillet presque jusqu'à la fin d'août. Des ondes de période 3-4 jours sont nettes dans la première quinzaine de juillet ainsi que dans la première quinzaine de septembre.

Corrélation et analyses en composantes principales

En climatologie comme dans beaucoup d'autres sciences il est souvent important de comparer entre elles deux séries d'observations comme par exemple la pression moyenne quotidienne dans deux stations proches, ou au contraire éloignées ; l'outil mathématique souvent le plus approprié est le coefficient de corrélation*. Mais avec le nombre croissant d'observations de toutes sortes les chercheurs ont souvent à comparer plusieurs séries d'observations. Ainsi, en vue d'évaluer l'impact d'un réchauffement climatique éventuel sur la forêt française, des chercheurs ont recueilli diverses variables climatiques (température, précipitations, humidité, ensoleillement, etc.) et des relevés de l'inventaire forestier. Plutôt que de corréler séparément chacun des éléments du climat à chaque élément forestier, ils ont appliqué à leurs données une méthode mathématique appelée analyse en composantes principales (ACP) qui permet de réduire un système complexe de corrélations à un petit nombre de dimensions, qui condense les données originelles en de nouveaux groupements de façon qu'ils ne présentent pas de corrélation entre eux et soient ordonnés en terme de pourcentage de variance* fourni par chaque composante. Des perfectionnements ont été apportés à l'ACP, en particulier l'analyse en composantes principales complexes qui permet de reconnaître des évènements évolutifs lorsqu'ils sont périodiques ; leur description sortirait des limites que nous nous sommes données pour ce livre.

La méthode composite

Je terminerai cette revue de quelques méthodes numériques utilisées en climatologie par la description de la méthode composite. On trouve l'exposé d'une méthode de ce type dans une publication de Burpee[30] datant de 1972 relative aux ondes d'Est que j'ai déjà évoquées, mais je suivrai celle de Reed *et al.*[31] (1977) qui porte aussi sur les ondes d'Est et se sert des mesures faites pendant l'ETGA en Afrique de l'Ouest et dans le proche Atlantique. Le but de cette analyse composite est la détermination de la structure commune à ces météores qui se déplacent d'est en ouest dans la troposphère de l'Afrique de l'Ouest ; les ondes se succèdent assez régulièrement (avec une périodicité de trois à cinq jours environ) et leur forme varie légèrement de l'une à la suivante. C'est sur la carte du vent à 700 hPa qu'elles apparaissent le plus clairement en général. On trace sur cette carte (Fig. 18), à un réseau* donné (c'est-à-dire à une heure donnée où se font des observations synoptiques*), les vents filtrés pour ne conserver que les composantes comprises entre les périodes 3 et 5 jours. C'est autour de la latitude 12,5°N que la perturbation est la plus grande. À partir de la trajectoire de celle-ci, qui est le lieu du tourbillon* maximum, (marquée sur la figure par une ligne fine continue), on construit un carroyage fait de lignes isophases (traits interrompus), numérotées de 1 à 8 pour chaque onde. La ligne cotée 2 passe par le maximum de vent de nord, la ligne 4 passe sur la dépression, la ligne 6 passe par le maximum de vent de sud et la ligne 8 passe sur la crête de l'onde ; les lignes 1, 3, 5, 7 occupent des positions intermédiaires. L'intervalle entre deux lignes isophases est découpé en « carreaux » de quatre degrés d'étendue en latitude. La vitesse du vent est portée selon la convention météorologique : une grande barbule pour dix nœuds* (5 ms^{-1}), une petite barbule pour cinq nœuds (2,5 ms^{-1}).

---

[30] Burpee RW. The origin and structure of easterly waves in the lower troposphere of North Africa. *J Atm Sci* 1972 ; 29 : 77-99.

[31] Reed RJ, Nordquist DC, Recker EE. The structure and properties of African wave disturbances as observed during Phase III of GATE. *Mon Wea Rev* 1977, 105 : 317-333.

Dans chacun des carreaux ainsi tracés on note les valeurs de la température, de la hauteur des précipitations, des composantes du vent, etc. On opère ainsi à chaque réseau sur une portion donnée de la carte et éventuellement à d'autres niveaux atmosphériques que le niveau de référence (700 hPa). On détermine la structure moyenne de ces ondes d'Est durant une saison en faisant la moyenne de chaque paramètre météorologique, dans chacun des carreaux, à chaque niveau. Cette méthode peut être appliquée à de nombreux météores qui, sans être identiques présentent une grande similitude comme les cyclones tropicaux, les lignes de grains, les perturbations cycloniques extra-tropicales, etc. Le principe de la méthode composite est toujours de découper l'espace en des aires liées à la structure et à la forme du météore et se déplaçant avec lui.

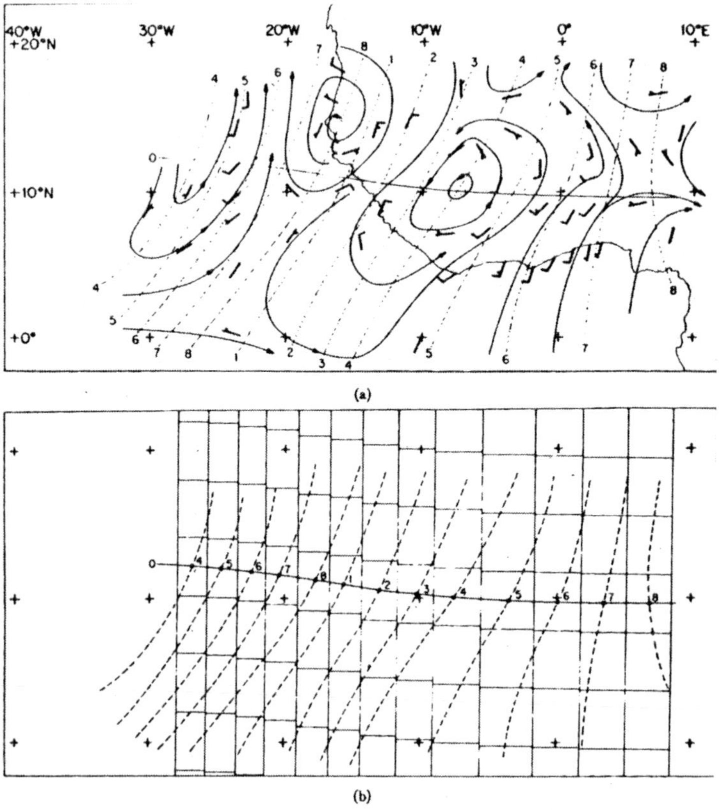

Figure 18. *Exemple d'utilisation de la méthode composite* pour étudier les ondes d'Est de périodes 3-5 jours durant l'été 1974. (a) vents filtrés dont la vitesse est notée selon le code de l'OMM ; la ligne continue cotée 0 (voisine du parallèle 12,5°N) est la trajectoire approximative de l'onde ; les traits continus terminés par une flèche sont les lignes de courant ; les lignes en traits interrompus marquent les diverses phases de l'onde, de 1 à 8 ; (b) carreaux de quatre degrés d'étendue en latitude tracés à partir des intersections des lignes isophases avec la trajectoire de la perturbation, d'après Reed *et al.*[32]

[32] Reed JR, Norquist DC, Recker EE. 1977, *ibid.*

3

Variabilité des climats

Dans ce chapitre je décris d'abord comment est apparue l'idée que les climats ont pu changer au cours des âges, puis les explications qui ont été proposées de ces changements. Je donne ensuite quelques méthodes actuelles appliquées à l'étude des climats du passé.

Découverte de la variabilité des climats

Dans l'Antiquité, le climat était généralement considéré comme constant. Cependant déjà Pline l'Ancien (23-79 après J.C.), dans son *Histoire Naturelle,* admettait que sous l'influence de facteurs géographiques, il avait pu être modifié localement. En Thessalie (sur la côte est de la Grèce, au sud de l'Olympe) dans les environs de Larissa, l'assèchement d'un lac abaissa la température de la région : les oliviers qui y poussaient disparurent et les vignes gelèrent, ce qui ne se produisait pas auparavant. Plus au nord, en Thrace, la ville d'Aenos vit sa température s'élever quand se rapprocha d'elle le cours de l'Hèbre. Autre exemple de changement de climat donné par Pline, aux environs de Philippe en Thessalie, la contrée, asséchée par la culture, changea de climat. C'est là, peut-être la première allusion à l'action possible de l'homme sur le climat. Nous avons vu au premier chapitre qu'Aristote avait eu connaissance d'un changement de climat local.

L'idée que le climat du globe avait changé est née au 18ème siècle. Pierre Louis Moreau de Maupertuis (1698-1759), accompagné notamment de Clairaut et de Celsius, dirigeait une équipe de savants, comme on disait alors, chargée par l'Académie des Sciences de Paris de mesurer la longueur d'un arc de méridien en Laponie (nord de la Suède), tandis qu'une autre équipe, dirigée par Pierre Bouguer (1698-1758), accompagné notamment de La Condamine, faisait de même au Pérou (aujourd'hui Equateur). Il s'agissait de trancher le différent entre l'opinion de Cassini qui croyait le rayon polaire de la terre supérieur au rayon équatorial, et celle de Newton qui affirmait le contraire. Les résultats de ces deux campagnes donnèrent raison à Newton. Profitant de son séjour (qui dura deux ans) en Suède et de la présence de Celsius qui parlait (évidemment) le suédois, Maupertuis, traîné sur la neige par des rennes, *risquant de se voir geler dans les déserts*, alla visiter un monument que lui avaient signalé les Lapons. Il semble que ce monument était situé à environ 100 km au sud-est de Kiruna, c'est-à-dire pas très loin du site à partir duquel ont eu lieu, ces dernières années, plusieurs campagnes de mesures dans la moyenne stratosphère.

C'est une pierre [...] de la hauteur d'un pied et demi et [...] trois pieds de long [...]. On voit deux lignes fort droites, de traits dont la longueur est d'un peu plus d'un pouce [...]. La pierre est composée de différentes couches [...]. Le pays où se trouve cette pierre n'est habité que par une espèce d'hommes qui vivent en bêtes dans la forêt. Maupertuis ne croit pas ces hommes capables de l'avoir gravée. *L'horreur du climat et la stérilité de la terre l'ont destinée à ne pouvoir être la retraite que de quelques misérables [...]. Il semble donc que notre inscription aurait dû être gravée dans les temps où ce pays se serait trouvé situé sous un autre climat ; et avant quelqu'une de ces grandes révolutions dont on ne saurait douter qui ne soit arrivée à la terre [...]. Ces régions ont été peut-être autrefois celles que le soleil regardait le plus favorablement ; les cercles polaires* (sic) *ont pu être ce que sont aujourd'hui les tropiques ; et la zone torride a peut-être rempli la place occupée aujourd'hui par les zones tempérées [...]. La variation dans l'obliquité de l'écliptique, que plusieurs astronomes croient démontrée par les observations des anciens comparées aux nôtres, pourrait seule, après de longues suites de siècles, avoir produit des changements tels que ceux dont nous parlons [...]. Que ce soient de tels changements, ou des changements plus subits, qu'on suppose, il est certain qu'il y en a eu. Les empreintes des poissons, les poissons-mêmes pétrifiés, qu'on trouve dans les terres les plus éloignées de la mer, et jusque sur le sommet des montagnes, sont des preuves incontestables que ces lieux ont été autrefois bas et submergés.*

Le sceptique Voltaire ne peut croire cela ; à l'article *Des coquilles* de son *Dictionnaire Philosophique*, il nie que la mer ait formé des couches de coquilles *parfois éloignées de 36 lieues*. Il s'inscrit en faux contre les opinions de Léonard de Vinci (1452-1516) et de Bernard Palissy (1510-1590) pour qui les fossiles ont vécu à l'endroit même où on les trouve *pendant que les roches n'estoyent que de l'eau et de la vase, lesquelles depuis ont été pétrifiées après que l'eau a défailly...* . Cette idée avait été reprise par Buffon (1707 – 1788) qui écrivait dans son *Histoire Naturelle* : *Je prétends que les coquilles sont l'intermède que la nature emploie pour former la plupart des pierres. Je prétends que les craies, les marnes et les pierres à chaux ne sont composées que de poussière et de détriments de coquilles.*

À la fin du 18ème siècle des géologues commençaient à parcourir les Alpes, le Jura et leur pourtour et ils y trouvaient dans des environs calcaires des rochers de granite dont certains pesaient plusieurs tonnes. Quelle était l'origine de ces blocs erratiques ? H.B. de Saussure pensait qu'ils avaient été transportés depuis les sommets granitiques des Alpes par les cours d'eau lors de crues exceptionnelles, ainsi devait-il en être des pierres du Niton encore visibles aujourd'hui dans la rade de Genève. Or, en cette fin de siècle, les glaciers s'avançaient et menaçaient plusieurs villages. L'ingénieur suisse Ignace Venetz (1788-1859) qui les surveillait, découvrit que les glaciers poussaient devant eux des débris de roches, qui constituent les moraines. Il rencontra le montagnard valaisan Jean-Pierre Perraudin qui avait compris que les glaciers avaient eu jadis une plus grande extension qu'aujourd'hui (1818). Ainsi, la vallée de la Dranse avait-elle été remplie d'un glacier qui atteignait Martigny, à son confluent avec le Rhône, comme le prouvent des blocs de roches trop gros pour que l'eau ait pu les apporter. Perraudin observait des stries sur des rochers en place, qu'il attribuait à la pression d'autres rochers poussés par les glaciers. Venetz trouva des roches erratiques sur tout le plateau suisse et conclut qu'un glacier l'avait recouvert de Soleure à Genève entre Alpes et Jura. Un autre Suisse, Jean de Charpentier (1786-1855), converti aux idées de Perraudin et Venetz, n'arrivait cependant pas à concilier cette grande extension des glaces avec les observations qui indiquaient que la température des environs de Lausanne et Vevey avait été à une époque précédente plus élevée qu'au début du 19ème siècle, puisqu'on y avait trouvé des empreintes de palmiers. Charpentier imaginait que le refroidissement du climat était dû au soulèvement des Alpes. Un Suisse encore, Louis Agassiz (1807-1873), adopta les idées de Venetz. Il professait même que la glaciation était survenue avant le plissement alpin et qu'elle s'étendait sur une grande partie de l'hémisphère Nord. En 1852, une expédition scientifique au Groenland avait trouvé un continent recouvert de glace, image de ce que pouvait être la calotte glaciaire imaginée par Agassiz. Puis on découvrit des moraines sur des roches polies certainement par des glaciers ; il fallut donc imaginer des avancées et des retraits des glaces. Au début du 20ème siècle, Penck et Brückner[33] reconnurent quatre glaciations durant l'ère quaternaire, qu'ils nommèrent d'après quatre petits affluents alpins du Danube : Riss, Günz, Mindel et Würm, la plus récente. Par la suite on découvrit que les glaciations avaient été beaucoup plus nombreuses encore, qu'il y en avait eu un peu partout sur le globe et bien avant le quaternaire. Le climat de la terre n'avait donc pas suivi une ligne constante depuis la boule de feu initiale jusqu'à une mort thermique encore à venir. Ceci est le résumé d'un texte de Vincent Deparis[34]. Il fallait trouver une explication à ces glaciations successives, certainement entraînées par des variations du climat.

---

[33] Penck A, Brückner E. *Die Alpen in Eiszeitalter*. Leipzig, 1909.

[34] Deparis V. *Les Alpes sous la glace*. http://64.233.183.104/search?q=cache:eHnu3UG4d24J:WWW.ens-lyon.fr/Planet-Terre

Théorie de Milankovic

On pense aujourd'hui que les variations du climat (du moins à grande échelle*) peuvent s'expliquer par les variations de la quantité d'énergie solaire atteignant la terre, celles-ci étant dues aux oscillations de trois paramètres astronomiques : l'excentricité* e de l'orbite de la terre, l'inclinaison* ou obliquité ε de l'axe des pôles, et la précession* ω des équinoxes. Les variations de plus courtes périodes peuvent avoir pour seules causes les mécanismes du climat ainsi que les variations de la température du soleil. Les astronomes savent exprimer par des formules mathématiques les variations à long terme (sur quelques centaines de milliers d'années) des trois paramètres désignés plus haut, tandis qu'ils ne savent pas comment évolue la constante solaire* dont la valeur est aujourd'hui de 1368 Wm^{-2} mais qui a pu fort bien varier dans les millénaires et même dans les siècles précédents. La théorie astronomique des paléoclimats, développée par le Serbe Milutin Milankovic (1879-1958), qui reprend l'idée de Maupertuis évoquée ci-dessus, explique assez correctement les climats du dernier tiers du quaternaire (à peu près le dernier million d'années) à des échelles de temps allant de dix mille à quelques centaines de milliers d'années. Il est possible qu'elle s'applique aussi à des variations plus anciennes. Sur la figure 19, la courbe des différences entre la température déduite des carottages de Vostok (Antarctique) et la température actuelle présente des oscillations de grande amplitude, de période voisine de celle de l'excentricité ; des oscillations de plus petite amplitude coïncident à peu près avec celles de la précession et de l'obliquité. Le contraste entre les millénaires passés où les oscillations de l'insolation furent grandes et les 100 000 ans à venir où elles seront beaucoup plus petites est assez frappant ; ceci est évidemment dû à la très faible valeur de l'excentricité dans les cent mille prochaines années.

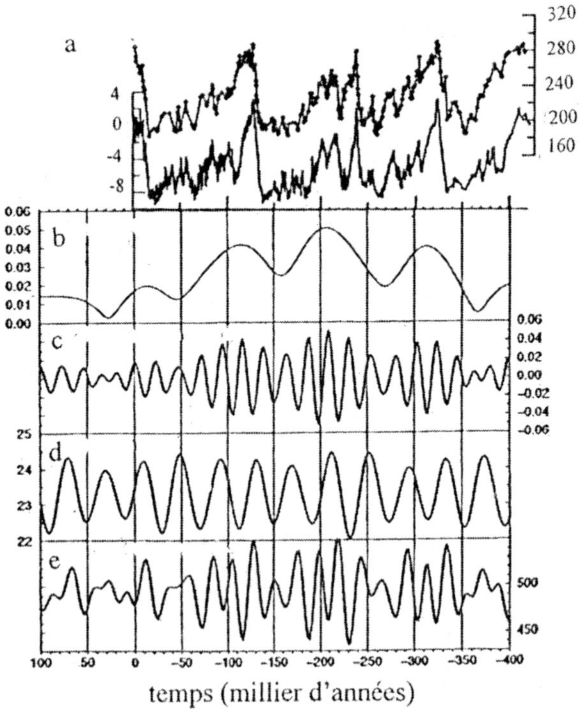

Figure 19. *Composition et température de l'air, paramètres de l'orbite terrestre et ensoleillement moyen à 65°N,*

selon Milankovic ; (a) courbe supérieure et échelle de droite, proportion du dioxyde de carbone (en parties par million) dans l'atmosphère ; courbe inférieure et échelle de gauche, écart à la température de l'air en surface aujourd'hui (en °C) ; ces deux courbes sont déduites des carottages de la glace à Vostok (Antarctique) ; (b) excentricité* e de l'orbite terrestre ; (c) précession des équinoxes, plus précisément e sin ω, où ω est l'angle de précession ; (d) obliquité ε en degrés ; (e) ensoleillement moyen qui résulte de ces paramètres, à 65°N à l'époque du solstice d'été, en Wm^{-2}, dans les 400 000 ans précédant notre époque et les 100 000 ans à venir ; en abscisse on a porté le temps en milliers d'années ; les courbes (a) proviennent du site[35] et les courbes (b) à (e) sont empruntées à Berger[36].

---

[35] http://www-lgge.ujf-grenoble.fr/axes/equipes/gaz/co2.shtml

[36] Berger A, Loutre MF.
http://e2phy.in2p3.fr/2003/actesBerger1.pdf

La figure 20 montre comment la précession des équinoxes peut agir sur le climat. L'orbite elliptique de la terre (dont l'excentricité a été fortement exagérée) place aujourd'hui la terre au point de son orbite qui est presque le plus éloigné du soleil, au début de juillet, et au point le plus rapproché au début de janvier, de sorte que le rayonnement que la terre reçoit du soleil est plus faible en été boréal qu'en hiver. Il se passait l'inverse il y a 11 000 ans. On conçoit facilement que cette oscillation doive avoir une incidence sur le climat de la terre, tout au moins lorsque l'excentricité de son orbite est grande ; lorsqu'elle devient plus petite, comme cela sera le cas dans les 100 000 ans à venir, l'effet de la précession sera moins important.

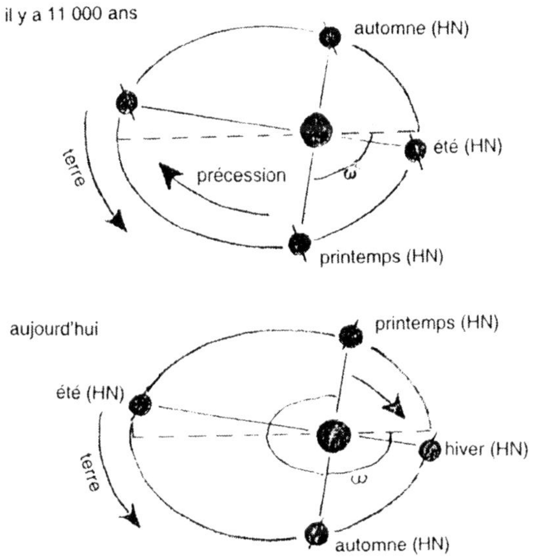

Figure 20. *Positions de la terre sur son orbite.*

Alfred Wegener (1880-1930), gendre de Köppen, vint conforter la théorie de Milankovic avec son ouvrage *Die Klimate des geologischen Vorzeit* (1924). Il trouvait les mêmes fossiles en Afrique et en Amérique du Sud, ce qui semblait confirmer que ces continents avaient eu le même climat et avaient jadis été liés comme la forme de leur côte ouest (Afrique) et est (Amérique du Sud) le suggère.

À mesure que les méthodes d'analyse des paléoclimats se perfectionnaient, on découvrait que le climat avait varié même dans les temps historiques, comme l'a montré Le Roy Ladurie[37]. Nous verrons cela un peu plus loin.

Méthodes de la paléoclimatologie

Dans la première partie de ce chapitre, j'ai fait allusion à quelques méthodes appliquées à la reconstitution du climat passé ; dans cette deuxième partie, je vais décrire avec plus de détails quelques-unes de celles qui sont utilisées aujourd'hui pour connaître le climat des derniers 700 000 ans de l'ère quaternaire. Je parlerai d'abord de celles qui permettent de remonter très loin dans le temps, puis de celles qui ne donnent de bonnes évaluations du climat que pour des époques relativement proches. Mon but n'est pas de décrire toutes ces méthodes mais de donner au lecteur un aperçu de certaines d'entre elles.

Les associations animales et végétales sont des indices qui permettent de connaître le climat passé, plus particulièrement sur les continents, plus sensibles que l'océan aux variations de température. La présence et l'abondance des restes fossiles de tels ou tels animaux sont des indices climatiques à condition que l'on sache dans quels climats ils vivaient. Les diagrammes polliniques peuvent permettre de connaître la flore. Ce sont des représentations graphiques du spectre pollinique d'une colonne sédimentaire, c'est-à-dire de la composition qualitative et quantitative de son contenu en grains de pollen et spores. Ces

---

[37] Le Roy Ladurie.1983, *ibid.*

pollens et spores sont caractéristiques de chaque plante et ils sont remarquablement robustes, résistant à toutes sortes d'attaques physiques et chimiques.

Dans l'océan, les foraminifères (dont certaines espèces sont planctoniques* et d'autres benthiques*) se développent de manière différente selon que l'eau est plus chaude ou plus froide. On observe aujourd'hui que l'enroulement de leur coquille interne ou test (dont le diamètre est de l'ordre de quelques dizaines de microns) est sénestre – sens opposé à celui des aiguilles d'une montre – dans les eaux chaudes et dextre dans les eaux froides, et on suppose qu'il en a toujours été ainsi.

Les résultats des études des climats passés à l'aide des carottages des glaciers polaires ou de montagnes ont été largement popularisés depuis que l'effet de serre* et ses conséquences possibles pour le réchauffement de l'atmosphère ont été signalés. De minuscules bulles d'air sont emprisonnées lorsque la neige tombe sur le glacier (environ 10 cm par an dans l'Antarctique, à 3 000 m d'altitude) et se transforme en glace (environ 2 cm par an) après quelques années. En analysant le contenu de ces bulles, on accède notamment à la température lors de leur formation. Si on est capable, par ailleurs, de dater la carotte de glace, on peut associer température et date. Différentes méthodes permettent de dater les carottes de glace : leur profondeur, à condition de connaître le taux des précipitations, la manière dont la neige et la glace se compriment ainsi que les flux de glace ; les traces d'évènements connus et datés par ailleurs comme les éruptions volcaniques dont on retrouve des poussières ; l'oscillation annuelle de la température qui permet parfois de compter les couches.

Datation par l'oxygène ^{18}O

La concentration de l'oxygène ^{18}O dont la proportion varie avec le temps permet parfois d'évaluer l'âge de la glace. Cette concentration, appelée $\delta^{18}O$ s'évalue par la formule suivante :

$\delta^{18}O$ = [($^{18}O/^{16}O$ de l'échantillon/$^{18}O/^{16}O$ du SMOW) – 1] x 1000, où $^{18}O/^{16}O$ du SMOW vaut 0,00193, quotient de l'abondance de l'isotope* lourd ^{18}O par celle de l'isotope léger ^{16}O ; SMOW signifie Standard Mid Ocean Water. L'abondance de ^{18}O est mesurée par spectrométrie* de masse. Lorsque l'eau change de phase (passage solide-liquide, liquide-gazeux), l'isotope le plus lourd ^{18}O est concentré dans la phase la plus dense ; plus précisément on peut relier expérimentalement $\delta^{18}O$ à la température lors du changement d'état ; on trouve que $\delta^{18}O$ croît avec la température. Jusqu'ici, ce sont les calottes polaires et quelques glaciers de la Cordillère des Andes qui ont été utilisés. Les carottages de l'Antarctique et du Groenland permettent de remonter jusqu'à un million d'années en arrière environ tandis que ceux qui ont été effectués dans les glaciers des Andes ne donnent de renseignements que sur les derniers 30 000 ans.

Le $\delta^{18}O$ permet aussi l'usage des foraminifères benthiques pour évaluer la température de l'eau de mer car on a observé expérimentalement : 1° que le $\delta^{18}O$ de l'eau de mer et celui des carbonates du test des foraminifères benthiques qui y vivent sont linéairement liés ; plus le $\delta^{18}O$ de l'eau est élevé et plus est élevé celui des foraminifères (à température constante) et 2° qu'une augmentation de la température de l'eau de mer correspond à une diminution de son $\delta^{18}O$. Grâce au carottage des fonds marins on a pu restituer les grandes lignes du climat du dernier million d'années.

Datation par le carbone 14

La méthode de datation par le carbone 14 (^{14}C) permet de retrouver le climat au cours des 40 000 dernières années environ. Depuis le milieu du vingtième siècle on sait que le matériel contenu dans les sites archéologiques comporte parfois des éléments radioactifs ; leur activité varie avec le temps de sorte qu'en mesurant celle-ci aujourd'hui on arrive à dater les évènements préhistoriques. Le carbone 14 est l'un de ces éléments radioactifs. Les protons cosmiques qui viennent de la galaxie pénètrent dans l'atmosphère et après une suite de collisions avec les molécules de l'air (azote et oxygène, entre 15 et 18 km d'altitude) ils forment l'isotope radioactif ^{14}C. L'abondance du carbone 14 produit par ces collisions varie avec la latitude et fluctue légèrement selon le cycle* solaire de 11 ans (voir la figure dans le glossaire au mot cycle). Ainsi on a trouvé que durant le minimum d'activité solaire de 1953-54 il se formait un peu moins d'un atome de carbone 14 par cm^2 et par seconde à l'équateur et environ 5 atomes aux pôles, tandis que lors du maximum de l'activité solaire qui a suivi (1957-58), ces chiffres étaient de 0,86 à l'équateur et 3,5 aux pôles. On admet aujourd'hui un taux moyen de formation de 2,25 atomes par cm^2 et par seconde. ^{14}C se combine rapidement avec l'oxygène de l'air pour donner du dioxyde de carbone $^{14}CO_2$ qui se mélange au $^{12}CO_2$ et se disperse dans l'atmosphère. Ce carbone est absorbé par les organismes vivants et notamment par les arbres au cours de la photosynthèse*. Le bois vivant (sur tout le globe) contient une proportion constante de $^{14}CO_2$ et, pour chaque gramme de carbone, un détecteur enregistre 13,6 désintégrations (émission de rayons β^-) par minute (DPM). Lorsque l'arbre est mort, le processus de photosynthèse cesse et le ^{14}C se désintègre sans être renouvelé. La courbe de décroissance du ^{14}C est exponentielle de sorte qu'après 5568±30 ans (demi-vie) un morceau de bois ne donne que 6,8 DPM g^{-1}. L'activité de l'échantillon archéologique $A(t)$, c'est-à-dire le nombre de désintégrations par minute et par gramme, est liée à l'activité standard $A(0)$ par la relation

$A(t) = A(0).\exp(-\lambda t)$, avec $\lambda = \text{Ln}2/T$, où Ln est le logarithme népérien et T = 5568 ans. On en déduit l'âge t de l'échantillon par la relation $t = \text{Ln}[A(0)/A(t)].T/\text{Ln}(2)$, soit encore

$$t = \text{Ln}[13,6/A(t)].\ 8,033\ 10^3 \text{ ans.}$$

Cette formule suppose la constance de la radioactivité naturelle au cours des 40 000 dernières années, ce qui n'est pas rigoureusement exact. Il faut donc appliquer des corrections au résultat de la formule ci-dessus.

Le raisonnement que nous venons de faire s'applique aussi aux organismes vivant dans la mer. Tant qu'ils vivent leur pourcentage en ^{14}C demeure constant mais il commence à décroître dès qu'ils meurent ou dès qu'ils sont isolés de leur milieu.

Datation par la phénologie

Si j'écarte les quelques relevés météorologiques dont j'ai parlé dans le premier chapitre, l'histoire du climat des derniers siècles précédant les observations régulières qui commencent dans le courant du 19ème siècle, s'appuie sur : les vieilles archives des faits agricoles (les recettes des abbayes comme celle de Saint-Denis, par exemple), les délibérations municipales, les archives de police et justice donnant les dates des semailles, des vendanges et plus généralement sur les recueils de phénologie.

Le développement des plantes, chaque année recommencé, est observé et consigné par les phénologues. On appelle phases phénologiques le début du bourgeonnement, le début de la floraison ainsi que les périodes de pousse de certaines plantes. Ce sont des indicateurs du climat et de divers facteurs environnementaux. Les observations phénologiques régulières les plus anciennes qui nous soient parvenues sont probablement celles de la floraison des cerisiers au Japon, qui débutèrent en 705. Dans ce rappel historique, il faut mentionner les six générations de la famille Marsham, en Écosse, qui poursuivirent des observations phénologiques sans interruptions de 1736 à 1925. Les études phénologiques systématiques datent de 1750, lorsque Carl von Linné (1707-1778) créa un réseau de dix-huit stations en Suède. Le premier réseau international d'observations phénologiques est dû à la *Societas Meteorologica Palatina*, de Mannheim, qui gérait 32 stations implantées de l'Amérique du Nord à l'Oural et du Groenland à la Méditerranée, en 1781. À Genève, le sautier, qui est le secrétaire-huissier-factotum du parlement cantonal, note chaque année la date d'éclosion des premières feuilles d'un marronnier qui pousse sous les fenêtres de la salle de réunion du Grand Conseil, depuis 1808.

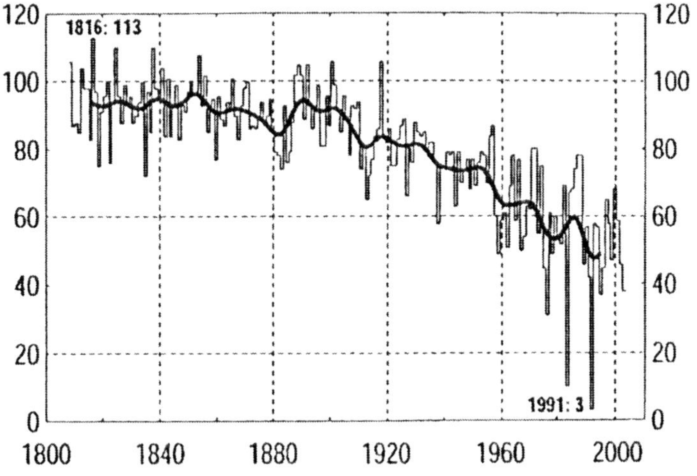

Figure 21. *Date d'apparition des premières feuilles d'un marronnier*

situé sur la promenade de la Treille, à Genève, comptée à partir du premier janvier de chaque année.

Aujourd'hui 1550 observateurs, pour la plupart bénévoles, sont regroupés en un réseau international. Ce sont les plantes sauvages qui sont étudiées de préférence aux plantes cultivées. Le Roy Ladurie[38], après Angot[39] publie la date moyenne annuelle du début des vendanges en France du nord-est, en Suisse romande et dans la région sub-rhénane, de 1484 à 1977. Durant cette période de 494 ans, cette date a varié entre le 6 septembre (1893) et le 25 octobre (1816). L'année 1816 fut

[38] Le Roy Ladurie.1983, *ibid.*

[39] Angot A. Étude sur les vendanges en France. *Annales du Bureau central météorologique* 1883.

appelée l'année sans été. Le volcan Tambora (île de Sumbawa, en Indonésie) avait explosé le 10 avril 1815, envoyant probablement dans l'atmosphère huit fois plus de matière que le Vésuve qui détruisit Pompéi et Herculanum en l'an 79 de notre ère. 88 000 personnes furent tuées sur le coup et on estime à environ 200 000 le nombre de celles qui moururent des conséquences (principalement de famine) de cette explosion. Les cendres les plus fines ayant atteint la stratosphère y demeurèrent longtemps, entraînant une baisse de la température dans l'hémisphère Nord de 0,5 à 1°C. Le soufre émis par les volcans se transforme en aérosols sulfatés dont le temps de résidence dans la stratosphère est d'environ un an. L'effet général de ces aérosols est un refroidissement mais ce ne sont pas les mêmes régions qui sont affectées selon que le volcan est situé dans les basses ou les hautes latitudes. Dans cette dernière situation, l'éruption volcanique entraîne un affaiblissement de la mousson indienne et de la mousson africaine, ce qui diminue notamment la crue du Nil.

La dendrochronologie

La dendrochronologie, développée d'abord aux États-Unis et dans les pays nordiques, est une méthode de datation des climats basée sur l'analyse de l'épaisseur et le comptage des anneaux de croissance des arbres. Dans les climats où alternent saisons favorable et défavorable au développement des arbres, ceux-ci produisent de nouveaux vaisseaux pendant la belle saison. En repérant la largeur des anneaux de croissance on peut en déduire les conditions climatiques de celle-ci. Les arbres les plus utilisés sont le séquoia, le pin, le sapin et le chêne. Le Roy-Ladurie[40] publie une table des épaisseurs moyennes annuelles des anneaux de croissance de chênes mesurées en Allemagne à l'ouest du Rhin, de 820 à 1965 ; la plus faible croissance (0,59 mm) a été observée en 1636, pendant le Petit Âge Glaciaire, la

[40] Le Roy Ladurie.1983, *ibid.*

plus forte fut de 2,64 mm en 1122. Léonard de Vinci puis Buffon, parmi d'autres, avaient songé à la dendrochronologie.

Les chroniques concernant les glaciers servent aussi à retrouver les climats passés, mais il semble que bien des auteurs ne prennent pas garde au fait que l'avance observée d'un glacier résulte de fortes chutes de neige bien antérieures à l'observation de cette avance.

On a évidemment cherché à retrouver les climats plus loin dans le temps et proposé quelques courbes montrant les grandes variations de la température moyenne du globe depuis les temps géologiques (depuis la fin du protérozoïque ~ 600 millions d'années). Cet exercice est très délicat car il faut faire intervenir les variations propres du rayonnement solaire (très mal connues ; on pense que ce rayonnement a augmenté de 40 % en 4 milliards d'années), les mouvements de la terre (assez bien connus pour le dernier million d'années, probablement moins bien sur six cents millions), la répartition des terres et des océans qui conditionne les courants marins et donc une partie du transport de la chaleur des régions chaudes aux régions plus froides, ainsi que la composition de l'atmosphère qui influence l'effet de serre*.

L'étude des climats passés peut ainsi se diviser en trois parties assez nettement distinctes. La première est celle des climats lointains, qui est faite par des scientifiques ayant en vue la compréhension de l'évolution de l'univers. Ils s'appuient sur des méthodes basées sur des applications de la physique, de la chimie, de la biologie, etc.

La deuxième partie est l'étude des climats relativement récents pour lesquels on ne dispose en général pas encore de mesures des paramètres météorologiques, mais d'archives et d'annales rédigées par des contemporains des évènements qu'ils décrivent. Pendant longtemps, en France tout au moins, ces études furent menées par des historiens qui cherchaient à expliquer le cours de l'histoire par les fluctuations du climat : migrations des peuples, modes vestimentaires, etc., mais qui ne s'intéressaient pas à l'histoire du climat. Le Roy Ladurie[41] fait figure de pionnier parmi les historiens, qui étudie l'évolution historique du climat comme d'autres celle de la société rurale par exemple.

Enfin, la troisième partie est l'étude du climat à l'aide des mesures qui débutent dans le courant du 19ème siècle ; elle est faite par des météorologistes climatologistes. Le traitement du nombre immense de données dont on dispose aujourd'hui nécessite l'usage d'ordinateurs et d'outils statistiques très puissants, dont certains, comme par exemple l'analyse en ondelettes, ou l'analyse en composantes principales étendue ont été mis au point assez récemment.

[41] Le Roy Ladurie.1983, *ibid.*

4

Influence du climat sur les hommes

Je vais d'abord montrer comment furent perçus les liens entre la santé et le climat dans l'Antiquité en détaillant les vues d'Hippocrate et de Galien car elles furent celles de tout le Moyen Age jusqu'aux Lumières, même si Michel Servet (1509 - 1553), André Vésale (1514-1564) et William Harvey (1578 - 1657), pour ne citer que trois médecins des plus célèbres, osèrent contredire ces auteurs classiques dès la Renaissance. Pour se convaincre de l'importance de l'opinion des anciens pour les modernes, il suffit de relire *L'Amour Médecin* ou *Le Médecin Malgré Lui* de Molière. Je développerai ensuite l'influence que Montesquieu et plusieurs autres avant et après lui attribuaient au climat sur les sociétés et les mœurs. Enfin je reviendrai sur l'étude des liens entre la santé et le climat qui a connu un regain d'intérêt depuis que l'on tente de prévoir l'évolution de celui-ci.

Climat et maladies dans l'Antiquité

Dans l'Antiquité, on ignorait les microbes, les virus et les autres organismes pathogènes, aussi les maladies (non provoquées par un poison ou un accident) étaient-elles attribuées à des facteurs climatiques ou hydrauliques. Il semble que le premier auteur à s'être intéressé aux liens entre le climat et la santé soit Hippocrate de Cos. Il tenta d'élaborer une médecine rationnelle, recherchant les causes des maladies et leurs remèdes appropriés, au cours de ses voyages de médecin itinérant. Il expose ses méthodes dans son ouvrage *Les Airs, les eaux, les lieux*. Il recommande à celui qui veut approfondir la médecine de considérer *d'abord les saisons de l'année et l'influence que chacune d'elles exerce, [...] puis il examinera quels sont les vents chauds et froids, et surtout ceux qui sont communs à tous les pays, ensuite ceux qui sont propres à chaque localité. [...] Donc, lorsqu'un médecin arrive dans une ville à lui inconnue, il en observera la situation et les rapports avec les vents et avec le lever du soleil, car les mêmes effets ne sont pas produits par une exposition au nord, ou au midi, ou au levant, ou au couchant.* Le médecin doit aussi se renseigner sur la qualité de l'eau et du sol. Ainsi le médecin *n'ignorera ni les maladies locales, ni la nature des maladies générales, de sorte qu'il n'hésitera pas dans le traitement, ni ne commettra les erreurs dans lesquelles tomberait celui qui n'aurait pas approfondi d'avance ces données essentielles. [...] Si l'on objecte que tout cela est du ressort de la météorologie, on comprendra facilement avec quelque réflexion, que l'astronomie, loin d'être d'une petite utilité au médecin, lui importe beaucoup car l'état des organes digestifs change avec les saisons. [...] Supposons une ville exposée aux vents chauds ; ce sont ceux qui soufflent entre le lever d'hiver du soleil et le coucher d'hiver* (voir figure 1) ; *ouverte à ces vents elle se trouve à l'abri de ceux du nord.* Hippocrate décrit alors tous les maux qui peuvent affecter les habitants de cette ville : maux de ventre, convulsions, dysenteries, fièvres ardentes, fluxions, paralysies, et beaucoup d'autres encore. Dans les villes qui ont une exposition contraire, abritées des vents chauds et ouvertes aux vents froids, les hommes seront robustes et secs, le cerveau y est sain ; les maladies communes seront les pleurésies. Les hommes y doivent beaucoup manger et peu boire. On y vivra longtemps. Hippocrate décrit aussi les maladies qui affecteront les habitants des villes ouvertes soit au levant soit au couchant. Ce sont les habitants des villes ouvertes entre le lever d'été et le lever d'hiver du soleil (c'est-à-dire ouvertes vers l'est) qui seront les plus robustes ; ils y auront le teint meilleur, la complexion plus fleurie, leur voix sera claire ; ils seront d'un caractère plus vif et d'un esprit plus pénétrant ; les femmes y seront extrêmement fécondes. Les villes orientées au couchant sont malsaines. L'orientation des villes qui a une si grande importance pour Hippocrate n'a guère de sens pour nos villes de plaine, ouvertes à tous vents. Il n'en était pas de même dans le bassin méditerranéen oriental (du moins au nord de celui-ci) où les montagnes enserrent les villes et les protègent des vents, parfois sur les trois quarts de l'horizon.

Claude Galien (129-200 après J.C.), comme Hippocrate, croit aux bienfaits de l'orientation est. Dans une lettre (datant de janvier 175) à son ami l'empereur Marc-Aurèle, en campagne contre les barbares Germains, il recommande à celui-ci de se loger dans une maison orientée au sud-est :

Elle aura le soleil le matin ; même le soleil d'hiver est appréciable ; il réchauffe l'air et nos articulations rouillées par l'humidité de la nuit. À nos âges (Marc-Aurèle a 51 ans), *ça compte.* Quelques jours plus tard, l'empereur répond à Galien : *Ces insomnies ne seraient-elles pas dues au rude climat que je subis, au vent qui transperce le corps comme des lances, à l'eau qui se transforme en glace ?*

Climat et société

Montesquieu (Charles Louis de Segondat, baron de Montesquieu, 1689-1755) mit vingt ans à rédiger *L'Esprit des Lois* (1748). Il avait voyagé en Hongrie, Italie, Hollande, Angleterre où il demeura près de deux ans et connaissait bien les mœurs, les climats et les régimes politiques des pays d'Europe. Il tente d'expliquer la diversité de ceux-ci par celle des climats. Il a observé sur la langue d'un mouton que le froid resserre les fibres nerveuses (?) tandis que la chaleur les écarte les unes des autres. Il en conclut que : *la chaleur donne un corps faible, une imagination vive [...]. Les habitants des climats chauds sont plus petits* (comme l'avait écrit Hérodote), *plus secs, plus vifs, plus gais, communément spirituels, plus précoces, vieillissent plus tôt mais sont moins vigoureux, moins laborieux, ce qui les rend attachés à leurs usages.* Dans les climats froids les hommes sont plus courageux, plus travailleurs. *Dans les climats très chauds l'amour est un désir aveugle et impétueux, 'in furias ignesque ruunt' ; dans les climats tempérés l'amour est une passion de l'âme, une affection réfléchie, méditée, analysée, un produit de l'éducation. Dans les climats glacés l'amour est un sentiment tranquille [...]. Il faut écorcher un Moscovite pour lui donner du sentiment.* Montesquieu donne le beau rôle aux habitants du nord. Je me suis laissé dire par un professeur d'histoire que le baron espérait flatter les Anglais qu'il connaissait bien, qui liraient son *Esprit des Lois* et ainsi lui achèteraient le vin qu'il produisait au château de la Brède. On trouve encore dans la littérature du dix-huitième siècle ce genre d'affirmations : *En Angleterre, l'air est doux et grossier, plus humide que froid, l'hiver est la saison humide, c'est un pays rempli de brouillard ; en Écosse l'air est grossier et beaucoup plus froid. En Hongrie, l'air est malsain, surtout pour les étrangers. En Bohème, l'air est malsain et y cause quelques fois la peste.*

Madame de Staël – Holstein (née Germaine Necker, 1766 - 1817) voyait une influence du climat sur la littérature, qui serait classique dans les pays chauds et ensoleillés du sud et romantique dans les pays froids et brumeux du nord. Il faut rappeler qu'aussi bien pour Montesquieu que pour Mme de Staël le sud c'est l'Italie et le nord l'Allemagne et l'Angleterre (parfois la Moscovie).

Dans son *Dictionnaire Philosophique*, Voltaire, citant Fontenelle (1655-1755) écrivait : *On ne sait pas si ce ne sont point là* (la chaîne de l'Atlas et la mer Baltique) *les bornes que la nature a posées, et si l'on peut espérer de voir jamais de grands auteurs lapons ou nègres.* Le chevalier Jean Chardin (1643-1713) qui passa plus de vingt ans en Perse, écrivait : *La température des climats chauds énerve l'esprit comme le corps, et dissipe ce feu nécessaire à l'imagination pour l'invention. On n'est pas capable dans ces climats-là de longues veilles, et de cette sorte d'application qui enfantent les ouvrages des arts libéraux et des arts mécaniques.* L'abbé Dubos (1670-1742) soutint ce sentiment de Chardin et cent-cinquante ans auparavant Jean Bodin (1529-1596), dans sa *République* et dans sa *Méthode de l'Histoire* affirmait que l'influence du climat est le principe du gouvernement des peuples et de leur religion. Voltaire évoque encore Diodore de Sicile (90-20 avant J.C.) qui affirmait que le climat tempéré est source de santé. Mais

Voltaire croit avoir un bon argument pour contredire Diodore, Bodin, Dubos, Chardin et surtout Montesquieu : *À ceux qui soutiennent que l'atmosphère fait tout, pourquoi l'empereur Julien dit, dans son Mesopogon, que ce qui lui plaisait chez les Parisiens, c'était la gravité de leurs caractères, et la sévérité de leurs mœurs ; et pourquoi ces Parisiens, sans que le climat ait changé* (Voltaire s'avance peut-être), *sont aujourd'hui des enfants badins à qui le gouvernement donne le fouet en riant, et qui eux-mêmes rient le moment d'après et chansonnent leurs précepteurs ?* Toujours dans l'article *Climat*, Voltaire affirme que celui-ci influe sur la religion. *Les religions ont toujours roulé sur deux pivots, observance et croyance : l'observance tient en grande partie au climat ; la croyance n'en dépend point. [Elle] ne dépend pas du sol et de l'atmosphère, mais uniquement de l'opinion, cette reine inconstante du monde.*

La lutte contre l'esclavage des populations noires s'intensifia dès le début du dix-neuvième siècle aux États-Unis comme en Europe. La création de l'état du Liberia en 1822 par le président américain James Monroe fut saluée par les anti-esclavagistes qui prédirent à ce premier état indépendant africain un avenir radieux. Les affirmations de Louis Agassiz (celui-là même qui avait compris l'étendue des glaces sur le nord de l'Europe, et qui passa la fin de sa vie à Cambridge au Massachusetts) : *L'esprit du blanc est toujours vivant alors que le noir, en vieillissant, sombre petit à petit dans la superstition et l'infantilisme*, sont de moins en moins bien reçues, surtout après la victoire des nordistes dans la guerre de Sécession (1861-1865), et depuis le milieu du vingtième siècle il est devenu politiquement incorrect de soutenir les idées de Montesquieu.

Les stations climatiques

Aux dix-neuvième et vingtième siècles commencent à se développer les stations dites climatiques ; en 2005 on en comptait 137 en France métropolitaine. L'appellation station climatique semble avoir été attribuée plus facilement jadis qu'aujourd'hui mais les conditions de cette attribution portent principalement sur la qualité du réseau de l'eau, des égouts, le système d'enlèvement des ordures ménagères. Des maximums de teneurs en divers gaz dits polluants sont établis qui doivent être respectés, mais le climat de ces stations n'est pas défini. Voici quelques-unes des vertus qu'elles s'attribuent, telles que je les ai relevées sur leurs sites Internet. Hyères (Var), par ses conditions climatiques, connues et appréciées déjà sous l'Ancien régime, peut rivaliser avec Madère pour l'accueil des malades des voies respiratoires. Cabourg (Calvados) est la reine des plages pour son air iodé, sain et vivifiant. Proust (qui l'appelle Balbec) s'y loge chaque été de 1907 à 1914 et s'y sent bien. Arcachon (Gironde) se déclare ville de santé à cause de son climat excellent pour soigner les phtisiques. L'air leur apporte du chlorure de sodium, de l'ozone et de la térébenthine (grâce à la proximité de la forêt landaise) extrêmement salutaire aux phtisiques. On y crée un lotissement où rues et maisons sont conçues pour éviter les courants d'air néfastes et où toute la vie est réglée par les médecins (utopie du Docteur Knock). Un lycée sanitaire s'y ouvre en 1952. Plus généralement, les stations climatiques se vantent d'un air pur et bienfaisant, d'un bon ensoleillement : 270 jours de soleil par an à Pamporovo (Bulgarie), 300 jours par an à l'Alpe d'Huez (Isère), l'Ile au soleil, au micro-climat particulièrement actif ; une température quasiment constante de 20°C à Dalat (Viet Nam) ; une chaleur estivale modérée par la brise de mer et la fraîcheur de l'air pur du large à Palavas les Flots (Hérault) ; abrité du vent (Vernet-les-Bains, Pyrénées-Orientales). Gérardmer (Vosges) se targue d'être la cité de la chlorophylle. Des lycées climatiques sont créés sous l'impulsion du directeur de l'enseignement secondaire en 1949, pour permettre l'éducation des enfants dont l'état de santé présente certains troubles relevant d'un séjour climatique. Ces établissements *doivent être implantés dans une région climatique favorable*, sans que le ministère précise en quoi elle consiste. Je compléterai le tableau des stations climatiques en évoquant un épisode du célèbre roman de Jerome K. Jerome, *Trois hommes dans un bateau* (*Three men in a boat, to say nothing of the dog*, 1889). Après bien des épreuves burlesques, un homme se débarrasse de deux fromages très odorants en les enfouissant dans le sable d'une plage anglaise. Celle-ci acquiert ainsi la réputation d'une station où l'air est vivifiant, excellent pour soigner les phtisiques qui s'y pressent en foule année après année.

Météorologie et santé

C'est au cours du vingtième siècle, avec l'accumulation des observations météorologiques, le perfectionnement des outils statistiques et l'apparition des ordinateurs, que l'on commence à tenter de corréler météores et santé. De très nombreux travaux sont consacrés à l'influence des fronts froids des latitudes moyennes, dont le passage en un lieu est considéré comme un facteur aggravant plusieurs maladies, même si l'on n'a pas encore trouvé quel était le paramètre à incriminer : variation de température, changement de la direction du vent ou de la nature des nuages… ; mais il ne s'agit pas précisément d'études de l'influence du climat sur la santé. Cette recherche revient à la mode avec la crainte que l'accroissement des gaz à effet de serre n'entraîne des modifications du climat. Je parlerai au chapitre 5 de la prévision des climats à l'aide de modèles et il ne sera question ici que des conséquences de ces modifications éventuelles sur la santé. J'emprunte la plus grande part de ce qui suit à Besancenot[42]. Les conséquences du réchauffement climatique annoncé, d'environ 2°C en moyenne au cours des cinquante prochaines années, sont difficiles à prévoir pour trois raisons principales : 1° l'évolution de la température ne sera pas la même partout ; 2° on connaît mal les répercussions d'un réchauffement sur les autres éléments du climat et 3° les répercussions ne seront pas les mêmes selon le contexte socio-économique et le niveau de développement. Enfin il faut

[42]http://216.239.59.104/search?q=cache:C3eoNtMSA18J:www.x-environnement.org/Jaune-Rouge/ et
Besancenot JP. *Climat et santé*. Paris : PUF, 2001.

distinguer les effets directs d'un réchauffement sur l'organisme humain de ceux qui seraient dus à une modification de l'environnement (multiplication de tel germe pathogène, de tel insecte vecteur, par exemple).

Aujourd'hui, hors des tropiques où la variation annuelle de la température est peu importante, on meurt plus en hiver qu'en été. En cas de réchauffement, il faudrait s'attendre, au contraire, à une surmortalité estivale.

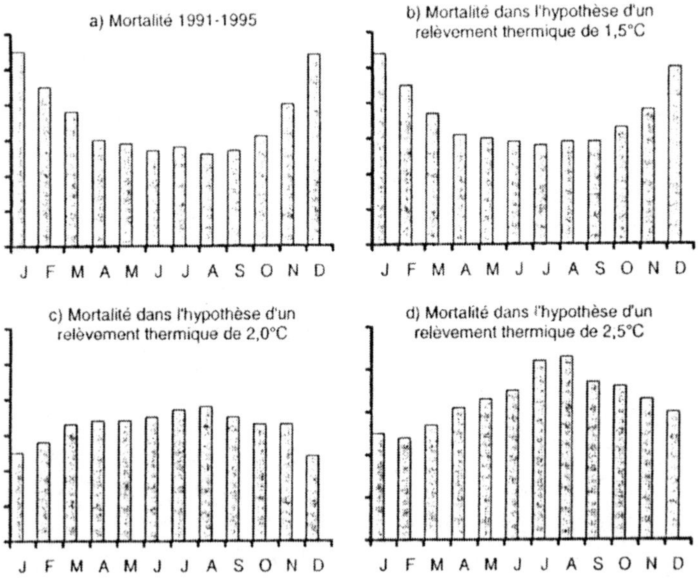

Figure 22. *Évolution attendue du rythme saisonnier de la mortalité en France en cas de réchauffement*, d'après Besancenot[43].

Les effets de la canicule de l'été 2003 semblent confirmer cela, où la surmortalité a été estimée à 14 000. En France, le nombre des décès hivernaux pourrait décroître de 5 à 7 % et celui des décès estivaux augmenter de 12 à 18 % (Figure 22).

[43]Besancenot JP. 2001, *ibid.*

Cependant, si le réchauffement s'opérait peu à peu, permettant une acclimatation progressive, les conséquences seraient moindres. On pense aussi qu'un réchauffement accroîtrait les maladies cardiovasculaires et cérébro-vasculaires*.

Le paludisme touche des centaines de millions de personnes dans le monde ; il est dû à un parasite du genre *plasmodium* transporté dans la salive du moustique anophèle femelle. Ce moustique se reproduit et prolifère dans des atmosphères chaudes et humides. Un réchauffement raccourcirait le temps de développement du parasite et accroîtrait la capacité vectorielle de l'anophèle. Il pourrait en résulter une extension de la zone d'endémie palustre vers le Maghreb, le Moyen-Orient, l'Afrique du Sud ainsi que vers certaines régions du Mexique, du Brésil et du sud de la Chine.

La dengue est une maladie virale transportée par le moustique *aedes aegypti.* Elle a sévi dans le bassin méditerranéen jusqu'en 1950. Une augmentation de la température pourrait la ramener dans le sud de la France.

La fièvre jaune (qui a tué des milliers de soldats en Afrique lors des conquêtes coloniales) a été complètement éradiquée en France ; elle pourrait y revenir à la faveur d'un réchauffement ; heureusement, on en possède un excellent vaccin à la différence du paludisme pour lequel il n'en existe pas à ce jour.

La schistosomiase ou bilharziose, dont il existe plusieurs formes, sévit en Afrique, en Asie Mineure, en Asie du Sud-Est, en Inde. Elle est due à différentes *schistosoma mansoni,* véhiculées par des mollusques. Dans les régions où un changement climatique entraînerait une sécheresse, une nécessaire irrigation pourrait fournir à ces mollusques des habitats favorables à leur développement. C'est ainsi qu'à la suite de l'édification du barrage de Maka Diama sur le fleuve Sénégal, en aval de Richard Toll, afin d'empêcher la remontée de l'eau de mer lors des grandes marées et favoriser l'irrigation, la proportion des habitants de cette ville atteints de bilharziose urinaire s'est élevée à 40 %.

Plusieurs autres maladies tropicales, recensées par l'Organisation mondiale de la santé, pourraient sévir aux latitudes moyennes en cas de réchauffement climatique.

5

La prévision du climat

La prévision du climat est devenue l'un des buts des climatologistes. L'agriculture, la pêche, les industries de l'énergie, les autorités politiques qui doivent veiller à la sécurité des personnes et des biens, l'assurance, le tourisme, ... ont besoin de prévisions climatiques à moyenne (quelques mois) et à longue échéance (quelques dizaines d'années). Certains désastres qui ont causé la mort de beaucoup de gens comme la sécheresse des années soixante-dix au Sahel, auraient peut-être été évités par de bonnes prévisions, comme Joseph fils d'Israël sut en faire pour l'Égypte et le Moyen-Orient, lui qui annonça au Pharaon sept ans de vaches grasses suivis de sept ans de vaches maigres (Genèse, ch. 41).

Quels sont les éléments du climat que l'on cherche à prévoir :

1° la température, les précipitations ainsi que les autres éléments moyens du temps ;

2° les fréquences des jours de pluie, de grêle, de neige, les durées de gel, de sécheresse... ;

3° les durées des températures et des précipitations supérieures ou inférieures à des seuils critiques pour la vie ou les activités humaines.

La prévision du climat utilise des méthodes empruntées à la prévision du temps. Il n'est donc pas inintéressant de décrire l'évolution de cette branche de la météorologie que bien des personnes considèrent comme l'objet principal de la météorologie tout entière.

La prévision du temps dans l'Antiquité et quelques méthodes encore préconisées de nos jours

Dans l'Antiquité on prêtait grande attention au comportement des animaux pour prévoir le temps. Les changements de saisons étaient annoncés aux hommes par les oiseaux migrateurs ; l'arrivée des hirondelles, le chant du coucou indiquaient l'avènement du printemps[44]. Le cri de la grue, lorsqu'elle migrait vers les pays chauds, annonçait l'hiver. Le comportement des animaux, bœufs, moutons, loups... fournissait des signes du temps à venir. L'observation des astres donnait des indications sur l'évolution du temps à court et long terme. Je passe sur les prévisions à court terme généralement déduites de l'aspect du ciel et du soleil aux moments du lever et du coucher de celui-ci car on retrouve ces mêmes indications dans des publications modernes tel *Le livre de l'éclaireur* de Baden-Powell[45] ainsi que dans un grand nombre de dictons tels « Rosée du matin, tout va bien » ou encore « Soleil d'août brûlant le matin n'a pas d'agréable fin » parfois non dépourvus de pertinence. Je m'attarderai un peu plus à décrire les prévisions saisonnières, principalement basées, chez les Grecs, sur les levers héliaques de certaines étoiles, qui sont les moments où l'on voit l'étoile apparaître pour la première fois de l'année sur l'horizon. Il y a pour chaque étoile deux sortes de levers héliaques, le lever du matin et le lever du soir. Il y a lever du matin quand, au moment précis où le soleil se lève, une étoile arrive à l'horizon ; il y a lever du soir quand, au coucher du soleil, une étoile est précisément en train de se lever à l'horizon. Mais on ne peut observer que les levers du soir car l'étoile est invisible lorsqu'elle se trouve à l'horizon dans la même direction que le soleil. Au lever des Pléiades, groupe d'étoiles dans la constellation du Taureau, il fallait commencer les moissons, et les semailles à leur coucher quarante jours

---

[44] Aujac G. Les prévisions météorologiques en Grèce, in *La météorologie en Grèce entre science et croyance*, Publications de l'université de Saint-Etienne, 2003.

[45] Baden-Powell R. *Scouting for boys*. 1908.

après. Le lever de Sirius (dans la constellation du Grand Chien, *Canis Major*), fin juillet, annonçait la canicule. Zeus, dans sa bonté adresse aux hommes les signes qui marquent les limites des saisons. Les Grecs établirent des calendriers (appelés parapegmes) semblables à nos almanachs (Fig. 23), accompagnés de prévisions météorologiques : forte tempête, il pleut, le vent souffle…Le Grec Geminos, qui vivait à Rome dans le premier siècle avant J.C. affirmait que ces parapegmes ne sont pas scientifiquement établies. Je le cite car il exprime très précisément comment les prévisions de nos almanachs sont faites : *Dans la matière ordinaire que fournit l'observation quotidienne, on a pris les éléments qui concordaient pour les insérer dans les parapegmes. La collation des observations s'est faite comme suit : on est parti du début de l'année ; à partir de ce degré, on a noté par jour et par mois les changements notables dans la température, les vents, les pluies, la grêle, et l'on a mis en regard la position du soleil par signe et par degré. L'observation portant sur plusieurs années, on n'a inscrit sur ces parapegmes que les changements qui s'étaient reproduits le plus fréquemment quand le soleil se trouvait aux mêmes points du zodiaque, […] en choisissant expérimentalement ce qui concordait le mieux.*

Aujourd'hui, de telles prévisions sont qualifiées de climatologiques ; on suppose que le climat ne change pas et que le temps qu'il fera tel jour est celui qui a été observé le plus fréquemment à la date de ce jour dans les années passées. À l'échéance de plusieurs semaines, cette prévision est moins mauvaise que la prévision déterministe issue des modèles.

PHASES DE LA LUNE

NL. le 7 à 22 h 33 mn
P.Q. le 16 à 0 h 51 mn
P.L. le 22 à 17 h 32 mn
D.Q. le 29 à 14 h 05 mn

PRÉDICTIONS DU TEMPS

Début de mois humide, 5 et 6 éclaircies, 7 et 8 froid, 9 et 10 ensoleillé, 11 et 12 pluie, 13 et 14 risque de verglas, 15 et 16 gelées matinales, 17, 18 et 19 humide, 20 et 21 nuageux, 22 et 23 pluie, 24 et 25 ensoleillé, fin de mois incertaine.

Figure 23. *Exemple de prédictions du temps pour décembre 1999,* dans L'*Almanach de la Manche*, qui se qualifie d'Astronomique, Prophétique, Historique, Anecdotique, Véridique et Curieux, édité à Coutances dans la Manche depuis 1852. On remarque que la tempête du 26 décembre n'est pas prédite.

La prévision scientifique avant les ordinateurs

Depuis le milieu du dix-neuvième siècle jusqu'à l'avènement des ordinateurs, c'est-à-dire pendant une centaine d'années, la prévision du temps a consisté à construire chaque jour diverses cartes représentant, selon des codes, les répartitions, sur des surfaces horizontales (ou isobares), de diverses grandeurs météorologiques, puis à extrapoler leur évolution à vue. On déduisait le temps probable à partir de ces cartes extrapolées. C'est comme cela que travaillaient Stagg, le prévisionniste anglais, et Lettau, le prévisionniste allemand, lors du débarquement des troupes alliées en Normandie en juin 1944. On sait que, d'une manière générale les perturbations atmosphériques se déplacent d'ouest en est sur l'Atlantique Nord ; il était donc très important d'avoir des observations sur l'ouest des îles Britanniques et les Alliés comme les Allemands s'efforçaient d'en recueillir par avion et au moyen de bouées qu'ils mouillaient dans l'océan. Ils tâchaient aussi de détruire celles de l'ennemi. Stagg, mieux placé que Lettau, puisqu'il disposait des observations d'Irlande et de Grande Bretagne, après avoir prévu du très mauvais temps pour le 5 juin, ce qui avait eu pour conséquence de faire rappeler au port certains bateaux de débarquement déjà en mer, put annoncer à Eisenhower, le général en chef, une amélioration de 36 heures à partir du 6 juin, ce qui permit à ce dernier d'ordonner le débarquement, tandis que Lettau, moins bien renseigné, annonçait du mauvais temps. C'est pourquoi le commandant en chef allemand Rommel crut pouvoir quitter la Normandie le 4 juin pour se rendre en Allemagne. Il en revint précipitamment le 6 au soir ; il était déjà trop tard.

La prévision avec les ordinateurs

Dès 1904, Vilhelm Bjerknes (1862-1951) pensait que la prévision du temps pouvait être traitée comme un problème de physique, en fonction des conditions initiales, mais c'est en 1922 que fut fondée la discipline de la prévision numérique, lorsque Lewis Fry Richardson[46] (1881-1953) publia un ouvrage fondateur. Bjerknes formulait le système d'équations suivant : les trois équations de la mécanique $\boldsymbol{F} = m\,\gamma$ (selon les trois dimensions de l'espace, où $\boldsymbol{F}$ est la résultante des forces appliquées à la masse m et γ son accélération), l'équation de la conservation de la masse, la loi des gaz parfaits (assimilant l'atmosphère à un tel gaz) et la première loi de la thermodynamique qui stipule que lorsque l'on fournit de la chaleur (dq) à un gaz, cela peut faire varier son énergie interne (du) et accomplir du travail (dw), $dq = du + dw$. Ce système ne peut pas être résolu analytiquement et la solution graphique proposée par son auteur n'était pas pratique. Richardson généralisa le système proposé par Bjerknes, et il envisagea de

---

[46] Richardson LF. *Weather prediction by numerical process.* Londres : Cambridge Univ Press, 1922.

faire résoudre numériquement les équations qui régissent l'état de l'atmosphère par une armée de calculateurs humains. Une première tentative pour prévoir le temps sur l'Europe Centrale quelques heures à l'avance, de cette manière, dura quelques mois et se solda par un échec. Mais en 1950, le mathématicien américain d'origine hongroise John von Neumann (1903 - 1957) et les météorologistes Jule Charney (1917-1981) et R. Fjörtoft réussirent la première prévision numérique du temps avec Eniac (*Electronic numerical integrator and computer*), le premier ordinateur. La mémoire de ce calculateur contenait à la fois les données et des instructions programmées qui pouvaient être modifiées à mesure que le programme s'exécutait. Il fallut 33 jours aux trois chercheurs, qui se relayaient nuit et jour auprès d'Eniac, pour prévoir avec succès l'altitude de la surface isobare 500 hPa à 24 heures d'échéance.

Connaissant l'état initial de l'atmosphère, le modèle de prévision calcule celui-ci à un instant ultérieur. À l'aide des équations qui décrivent l'évolution du temps on établit un schéma d'avance temporelle. Pour un paramètre météorologique quelconque A ce schéma peut se présenter, en simplifiant beaucoup, sous la forme explicite :

$$A(x_0,t+\Delta t) = f[A(x_0,t), A(x_0+\Delta x,t), A(x_0-\Delta x,t)]$$

ou sous une forme implicite :

$$f[A(x_0,t+\Delta t),A(x_0+\Delta x,t+\Delta t),A(x_0-\Delta x,t+\Delta t),A(x_0,t), A(x_0+\Delta x,t),A(x_0-\Delta x,t)]=0.$$

Δt est un petit accroissement du temps ; $x_0+\Delta x$, $x_0-\Delta x$ indiquent que la grandeur A est à prendre au voisinage du point x_0. Il est bien entendu que le calcul de A nécessite aussi la connaissance d'autres variables météorologiques B, C, … à l'instant t au point x_0 et dans son voisinage. On fait croître le temps par pas Δt jusqu'à ce que l'on atteigne l'échéance désirée. Il serait trop long d'entrer dans le détail de cette intégration numérique ;

nous renvoyons le lecteur à l'article de J. Coiffier[47]. Les valeurs des paramètres *A*, *B*, *C*, ... qui sont utilisées à l'instant *t* pour calculer *f* ont deux origines. Supposons, comme c'est généralement le cas, que la prévision commence à 12 UTC* (le temps UTC est pratiquement celui de Greenwich). À cette heure, on possède les valeurs des paramètres qui ont été prévues à 06 UTC pour l'échéance de 12 UTC, qui constituent l'ébauche (en anglais *first guess*). On dispose aussi des observations qui ont été faites entre 06 et 12 UTC par les stations météorologiques en surface (elles sont environ 10 000), par les bateaux de commerce équipés d'appareils de mesure (environ 4 000), par des bouées, par les radiosondes (environ 1 000) qui montent jusque vers 30 000 m d'altitude, par les sondeurs* verticaux des satellites à défilement ainsi que des mesures faites par les satellites géostationnaires. Toutes ces observations sont collectées et contrôlées par chaque grand centre météorologique qui écarte les valeurs qui lui paraissent aberrantes.

Comme il n'est pas possible de trouver une solution analytique aux équations qui décrivent l'atmosphère, c'est-à-dire qu'une variable atmosphérique, par exemple la pression, ne peut pas s'exprimer par une fonction continue du temps et des trois dimensions de l'espace, on est obligé de chercher des approximations numériques pour les solutions. Au lieu de calculer celles-ci à tout instant et en tout point de l'espace, on se contente de les calculer en des instants discrets (par exemple tous les quarts d'heure) et sur un réseau de points formant ce que l'on appelle une grille. J'insiste sur cette discrétisation car elle est fondamentale pour comprendre la prévision du temps et du climat et leurs limites. Considérons (Fig. 24) une fonction quelconque $f(x)$ de la seule variable indépendante x, qui peut représenter le temps ou une variable d'espace ; nous en cherchons une valeur approximative sur l'intervalle $0 \leq x \leq L$. Pour cela nous découpons cet intervalle en N petits intervalles égaux $\Delta x = L/N$; Δx est appelé la maille. (Dans certains

---

[47] Coiffier J. Un demi-siècle de prévision numérique du temps. *La Météorologie* 2000 ; 8ème série, 30 : 11-31.

modèles de prévision les mailles ne sont pas toutes de la même dimension). Nous calculons $f(x)$ aux points d'abscisse $x_j = j.\Delta x$, avec j = 0, 1, 2, … N.

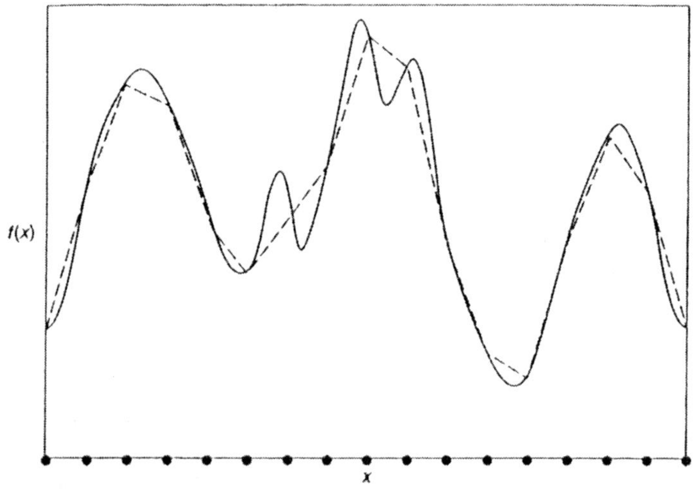

Figure 24. *Exemple de l'approximation discrète* (ligne en traits interrompus) de la fonction continue $f(x)$ (ligne continue) ; d'après Trenberth[48].

On remarque que les ondes dont la longueur d'onde est inférieure à $2.\Delta x$ ne peuvent pas être représentées sur une grille discrète de ce type. Seules les grandes variations de $f(x)$ se voient sur la courbe en traits interrompus. Je ne décrirai pas la méthode spectrale, autre méthode pour traiter $f(x)$, très utilisée en prévision numérique, qui consiste à remplacer cette fonction par une somme de sinusoïdes, selon la théorie de Fourier*, car cela nous entraînerait trop loin. Je ne m'attarderai pas non plus sur le choix des grilles horizontales et du difficile problème posé par la représentation des pôles où se joignent tous les méridiens.

[48] Trenberth K. *Climate System modelling*. Cambridge Univ Press, 1993.

La coordonnée verticale présente aussi quelques difficultés ; on utilise souvent la coordonnée $\sigma = p/p_s$ (Fig. 25), où p est la pression au point considéré et p_s la pression en surface, c'est-à-dire à la surface de la terre.

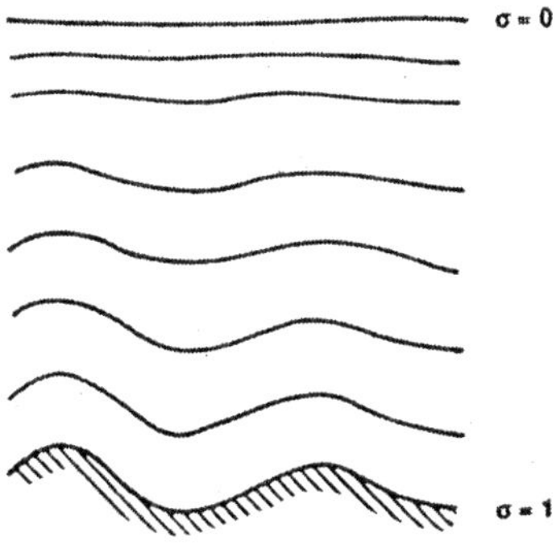

Figure 25. *Schéma de la coordonnée σ (sigma) ;* d'après Trenberth [49].

Une fois les observations contrôlées, on procède à l'assimilation qui consiste à évaluer la meilleure valeur possible de chaque paramètre en chaque point de grille, à chaque niveau, à partir de l'ébauche et des observations voisines de ce point. On peut alors entreprendre l'intégration en vue d'une prévision. Les temps de calculs deviennent très longs lorsque l'on réduit la dimension des mailles ainsi que celle des pas de temps. Avec une maille de 4,5 degrés de latitude sur 7,5 degrés de longitude, ce qui, à 40° de latitude représente un « rectangle » de 500 km sur 640 km, et neuf couches selon la verticale (ce qui fait 17280 boites pour toute la terre) et avec un pas de temps Δt de 30 minutes, un ordinateur Cray X-MP, travaillant à la vitesse de 0,1 GFLOP (giga FLOP*) met 10 heures pour simuler une année.

[49] Trenberth. 1993, *ibid.*

Les réanalyses

Les grands centres de prévisions NCEP-NCAR (*National Centers for Environmental Prediction – The National Center for Atmospheric Research*), aux États-Unis et le CEPMMT (Centre Européen pour les Prévisions Météorologiques à Moyen Terme, en anglais ECMWF), situé à Reading au Royaume-Uni, ont construit des réanalyses qui sont un ensemble de valeurs des paramètres météorologiques (température, humidité, vent…) sur un réseau de points de grille répartis régulièrement sur tout le globe. Aujourd'hui le CEPMMT appelle ERA-40 les réanalyses relatives à l'intervalle septembre 1957-août 2002.

Sur une grille de 320x161 points régulièrement espacés (1,125°) en latitude et longitude et sur 23 niveaux de pression (1000, 925, 850, 775, 700, 600, 500, 400, 300, 250, 200, 150, 100, 70, 50, 30, 20, 10, 7, 5, 3, 2, et 1 hPa), ERA-40 donne, à chacun des 4 réseaux quotidiens 00, 06, 12 et 18 UTC*, les grandeurs suivantes :

altitude géopotentielle* Z (m^2s^{-2})
divergence* DIV (s^{-1})
rapport* de mélange de l'ozone ($kg.kg^{-1}$)
tourbillon* potentiel PV ($K.m^2kg^{-1}s^{-1}$)
humidité* relative RHUM (%)
humidité* spécifique Q ($kg.kg^{-1}$)
température T (K)
composante zonale du vent* U (ms^{-1})
composante méridienne du vent* V (ms^{-1})
composante verticale du vent* OMEGA ($Pa.s^{-1}$)
tourbillon* relatif VORT (s^{-1}).

Dans la liste ci-dessus, la ou les lettres majuscules qui suivent le nom de la grandeur désignée servent d'abréviation à celle-ci ; les lettres entre parenthèses donnent sa dimension dans le Système International.

Sur la même grille, ERA-40 fournit notamment des contenus en vapeur d'eau intégrés sur toute l'épaisseur de l'atmosphère, des températures du sol en surface et en profondeur, des pourcentages de couverture nuageuse. Il donne aussi des prévisions de taux de précipitation, d'évaporation, de rayonnements.

Les observations dont on dispose sont échantillonnées dans le temps et dans l'espace de façon inhomogène car les stations d'observation sont nombreuses sur les continents aux latitudes moyennes, beaucoup plus rares sur les océans et sur les régions tropicales et elles ne sont pas situées sur un réseau homogène de points de grille. D'autre part, au cours de ces quarante-cinq années, des progrès techniques très importants ont été faits ; les satellites de plus en plus perfectionnés ont fourni des observations sur l'ensemble du globe auxquelles on ne pouvait accéder avant eux qu'en de très rares observatoires. Entre 1957 et 1971, les seules données disponibles étaient les mesures en surface, celles des ballons-sondes, des avions de ligne et de quelques bateaux. Dès 1972, on a disposé des sondeurs verticaux de température, constitués d'un ensemble de radiomètres installés sur des satellites, mesurant des radiances émises par le sol et certains gaz atmosphériques, grâce auxquelles on accède, sur l'ensemble du globe, à la répartition verticale de la température de l'air. En 1979 est lancé le sondeur TOVS (TIROS *Operational Vertical Sounder*) qui comporte des instruments permettant de mieux décrire les répartitions verticales de la température, de la vapeur d'eau et de la teneur en ozone de l'atmosphère ainsi que la vitesse horizontale du vent. À partir de 1987, le sondeur SSM/I donne accès aux précipitations, au contenu en eau liquide des nuages, à la vitesse du vent en surface. De nouveaux satellites sont lancés en 1991 et d'autres suivent qui permettent de mieux connaître le vent près de la surface de la terre, et améliorent la résolution des sondages verticaux. Le nombre de données disponibles augmente énormément. Afin de reconstituer des séries homogènes de paramètres météorologiques, il a fallu choisir une méthode d'interpolation pour donner, en chaque point de grille, une valeur à chaque paramètre, et à chaque réseau*. Une première méthode possible aurait été de donner au paramètre météorologique considéré (la température de l'air par exemple), en un point, la moyenne, pondérée par la distance et la confiance en la mesure, des températures mesurées aux alentours du point de grille et au voisinage de l'instant choisi. Cette méthode très simple n'est pas utilisée en pratique car les lois physiques qui lient entre eux les divers paramètres atmosphériques risqueraient de ne pas être satisfaites par ces moyennes pondérées. La réanalyse ERA-40 applique une technique d'assimilation variationnelle à trois dimensions. À partir de l'ébauche, on applique un modèle déduit du modèle de prévision, mais en remontant le temps. On modifie alors cette première prévision pour minimiser sa distance* avec les observations recueillies dans les dernières vingt-quatre heures. Cette technique assure une grande cohérence aux résultats car l'état de l'atmosphère est calculé à partir d'un modèle basé sur les lois physiques qui la régissent. Les modèles ont varié dans le passé tandis que celui qui est appliqué pour construire ERA-40 est le même pour toutes les années. Les réanalyses ERA-40 ainsi que celles du NCEP-NCAR constituent aujourd'hui les meilleures données sur lesquelles se baser pour entreprendre des études climatologiques portant sur des aires de quelque étendue. Ces réanalyses ne sont pas exemptes de biais, comme on désigne maintenant les erreurs systématiques. Une manière de tester la qualité des réanalyses a consisté à construire une prévision en les introduisant dans le modèle comme données initiales On a comparé les résultats de ces prévisions à celles qui ont été faites entre 1989 et 1996, et elles furent trouvées bien meilleures, en particulier dans la basse stratosphère*. Cependant on a remarqué que ERA-40 surestimait les précipitations tropicales océaniques. Cela était dû à une mauvaise prise en compte des effets radiatifs des aérosols, à la suite de l'éruption du Mont Pinatubo en 1991, notamment.

Les processus physiques qui interviennent dans l'atmosphère ont des échelles* de temps et d'espace qui vont des plus grandes, et alors elles peuvent être intégrées directement dans les équations, aux plus petites, et alors elles échappent à celles-ci. Ces processus trop petits doivent être pris en compte par des méthodes statistiques. On parle alors de paramétrisation (abréviation de représentation paramétrique) des phénomènes physiques. Supposons, par exemple, que la nébulosité* dans une maille ne soit pas donnée par le modèle mais que celui-ci fournisse la température et l'humidité de l'air moyennes sur la surface de la maille. On pourra évaluer cette nébulosité grâce à une étude faite au préalable sur des observations montrant la relation statistique entre ces paramètres. Le modèle ne peut pas simuler les nuages qui ont, en général, des dimensions bien inférieures à la maille mais, comme il aura calculé la température et l'humidité, il saura en déduire une nébulosité moyenne. La paramétrisation est utilisée, en particulier, pour traiter la convection*. Celle-ci est la cause principale des changements de phase de l'eau. Très souvent associée aux précipitations, elle est un très important mode d'échange de chaleur entre le sol et l'atmosphère. Son échelle horizontale est de quelques kilomètres, bien au-dessous de l'échelle des modèles de circulation générale mais elle a beaucoup d'effet sur l'évolution des champs de grande échelle. Il en est de même de la condensation et de la formation des nuages. L'équation de la conservation de la chaleur doit tenir compte de ces phénomènes dont l'échelle est inférieure à la maille des modèles.

Malgré l'amélioration des modèles de prévision et le perfectionnement des ordinateurs il est impossible de fournir des prévisions précises au-delà d'une certaine échéance (aujourd'hui à peine une dizaine de jours). On peut alors se demander si la prévision du climat est possible. Mais il s'agit ici de prévoir des conditions moyennes et non le temps dans tous ses détails. Il en est de même dans la théorie cinétique des gaz qui ne peut pas prévoir la position de chaque molécule mais qui sait annoncer l'état moyen du gaz dans certaines conditions. Le système terre-océan-cryosphère-atmosphère est soumis à des forçages, comme la répartition annuelle du rayonnement solaire qui impose la succession des saisons, même s'il existe des variations d'une année à l'autre. Certains forçages sont imprévisibles comme les éruptions volcaniques (à ce jour tout au moins), d'autres comme la température de l'océan qui répond elle-même à un forçage atmosphérique, sont difficiles à prendre en compte. On pense que le climat à venir ne dépend guère des conditions initiales de l'atmosphère et de l'océan, mais que ce sont les conditions aux limites qui le déterminent, tels le rayonnement solaire et la composition de l'atmosphère. On sait aujourd'hui que la biosphère est l'un des acteurs du système climatique par des échanges d'énergie, d'eau, de dioxyde de carbone, etc. avec l'atmosphère. C'est ainsi que la mousson africaine semble être sensible à l'albédo du sol, comme l'avait entrevu Charney. P. Queney (1904-1978) (communication personnelle) pensait que les grands déboisements faits par les communautés monastiques avaient pu modifier le climat de l'Europe à partir des 12ème et 13ème siècles. Il est intéressant de constater que l'on retrouve ici une idée entrevue par Aristote et qui a été développée au dix-huitième siècle, mettant en avant le rôle primordial des exhalaisons (pollens, CO^2, aérosols, ...), qui sont des constituants mineurs de l'atmosphère, sur le temps.

La validation des modèles a consisté d'abord à vérifier que ceux-ci reproduisaient correctement l'oscillation annuelle. Celle de la température est de l'ordre de 15°C, dans l'hémisphère Nord tandis que sa variation moyenne entre périodes glaciaire et interglaciaire n'est que de 5°C environ. Une autre méthode de validation a consisté à reconstituer les climats lointains comme celui du mésozoïque (appelé aussi ère secondaire entre 250 et 65 millions d'années), ou les climats d'autres planètes, pour autant qu'on les connaisse. On a aussi tenté de reconstituer l'évolution de la température des deux cents dernières années en introduisant l'augmentation de la teneur en gaz à effet de serre. Dans cette dernière expérience, l'accord entre les modèles et l'observation semble assez bon, cependant la plupart des climatologistes n'osent pas affirmer que l'accroissement de la température que l'on observe depuis quelques années soit certainement imputable à l'augmentation de l'effet de serre.

Conclusion

Le géographe français Vidal de la Blache écrivait au début du vingtième siècle[50]: *L'idée que la Terre est un tout, dont les parties sont coordonnées, fournit à la géographie un principe de méthode dont la fécondité apparaît mieux, à mesure que s'étend son application. Si rien n'existe isolément dans l'organisme terrestre, si partout se répercutent les lois générales, de sorte que l'on ne puisse toucher à une partie sans soulever un enchaînement de causes et d'effets, la tâche d'un géographe prend un caractère tout différent de celui qui lui est attribué. Quelle que soit la fraction de la terre qu'il étudie, il ne peut s'y enfermer. Un élément général s'introduit dans toute recherche locale.* Je ne me sens pas compétent pour juger de la justesse de ces remarques appliquées à la géographie mais si l'on remplace géographie par climatologie et géographe par climatologiste, on trouve dans cette citation une idée développée bien plus tard par H.H. Lamb dans l'introduction de son ouvrage *Climate Present, Past and Future*[51]: *La météorologie observe les variations des divers paramètres du temps en divers lieux comme des écarts à une chaîne unique d'évènements qui constituent le climat.* Cette chaîne unique d'évènements que Vidal de La Blache appelait organisme (terme cher aux romantiques) peut être traduite aujourd'hui par l'expression de circulation générale de l'atmosphère.

Le soleil fournit à la terre et à l'océan sa chaleur. Cette chaleur n'est pas répartie uniformément sur le globe, elle est plus grande au voisinage de l'équateur que sur les calottes polaires. Un mécanisme doit nécessairement se mettre en place pour transporter cette chaleur des régions excédentaires (les tropiques) vers les régions déficitaires (les pôles) sinon les

---

[50] Robic MC. *Revue européenne de géographie* 2004.

[51] Lamb HH. 1972 et 1977, *ibid.*

régions tropicales deviendraient de plus en plus chaudes et les pôles de plus en plus froids. Ce transport est effectué par les océans et l'atmosphère à peu près par parts égales, encore que cette égalité soit aujourd'hui mise en doute. Des courants océaniques chauds (comme le Gulf Stream qui naît dans le golfe du Mexique, traverse l'Atlantique Nord jusqu'en mer de Norvège), apportent de l'eau chaude d'origine tropicale sur la façade ouest des continents de l'hémisphère Nord tandis que des courants froids s'écoulent sur leur face est ainsi qu'en profondeur. Il se produit l'inverse dans l'hémisphère Sud où les courants chauds, dirigés vers le sud, longent la face est des continents et les courants froids, dirigés vers le nord, leur face ouest, comme le courant de Benguela qui longe les côtes de Namibie et d'Angola et le courant de Humboldt qui longe celles du Chili et du Pérou.

Il s'établit dans l'atmosphère des circulations un peu du même type entre les régions tropicales et les régions tempérées, toutefois elles sont moins bien localisées et moins régulières que les circulations océaniques et seules des moyennes dans le temps et dans l'espace permettent de les mettre en évidence. Des mouvements de diverses échelles prennent aussi naissance dans des plans verticaux transportant la chaleur gagnée au sol vers le haut dans l'atmosphère et vers le bas dans les océans. L'air monte dans les régions tropicales, au-dessus de la Zone de convergence intertropicale (ZCIT*), puis il se dirige vers le nord dans l'hémisphère Nord et vers le sud dans l'hémisphère Sud (Fig. 26).

Les théories de la circulation générale de l'atmosphère, c'est-à-dire les explications du climat ont beaucoup évolué au cours du vingtième siècle. Jusque vers 1920, l'explication admise généralement était celle qui faisait appel à la « cheminée équatoriale », déjà émise en 1686 par Halley pour rendre compte des vents alizés. Dans cette théorie, les cellules de Hadley, dans chaque hémisphère, étaient des machines thermiques dont la source chaude se situait à l'équateur et la source froide au pôle.

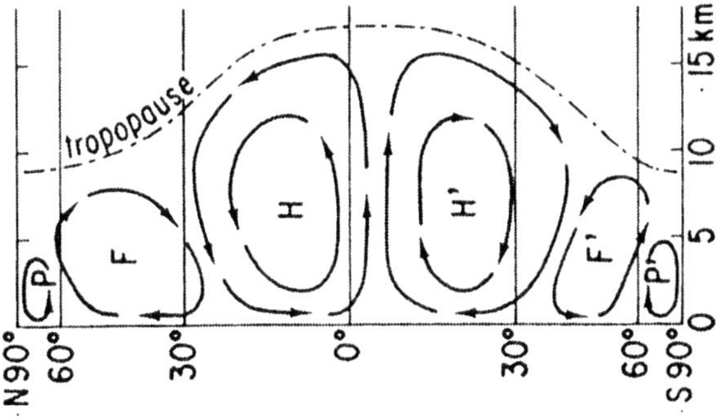

Figure 26. *Circulation méridienne moyenne en janvier.*
Elle comporte six cellules : deux cellules équatoriales, Hadley Nord et Sud (H, H'), deux cellules à circulation inverse des précédentes, Ferrel Nord et Sud (F, F') et deux cellules Polaires (P, P'), à circulation inverse des cellules de Ferrel ; d'après Queney[52].

En 1922, le météorologiste norvégien J. Bjerknes (1897-1975), montra le rôle que jouent les perturbations* cycloniques dans les échanges entre les régions tempérées et les régions polaires. Ces perturbations peuvent être considérées comme constituant une vaste turbulence*, essentiellement horizontale ou macroturbulence ; c'est celle-ci qui transporte vers les pôles les excès de chaleur et d'humidité des régions équatoriales. Cette macroturbulence opère aussi des échanges d'énergie* mécanique et de quantité de mouvement*, ce qui se traduit par des forces de même nature que des forces de viscosité, mais, à la différence des forces de viscosité de petites échelles qui tendent à amortir les mouvements, la macroturbulence n'amortit pas les vents et tend à établir d'importantes différences de vitesses entre les diverses latitudes, comme l'a montré Rossby (1898-1957) en 1947, créant des vents d'ouest aux latitudes moyennes et des vents d'est aux basses latitudes.

[52] Queney P. 1974, *ibid.*

P. Queney a proposé de nommer « forces de Rossby » celles qui traduisent l'effet dynamique de la macroturbulence atmosphérique.

Cette circulation est perturbée par la nature du sol. La plus grande part des continents se trouve dans l'hémisphère Nord. Le rayonnement solaire est certes moins bien absorbé par les continents que par les océans mais la température de leur surface s'élève beaucoup plus que celle des océans lorsqu'ils sont atteints par les rayons du soleil de sorte que les mouvements verticaux au-dessus des continents peuvent être plus importants qu'au-dessus des océans. À cause de certaines rétro-actions, le bilan radiatif des diverses parties de la terre n'a pas une répartition strictement zonale où, dans l'hémisphère Nord, les zones excédentaires seraient au sud et les zones déficitaires au nord. Les grands déserts du Sahara et arabique sont recouverts d'un matériau qui réfléchit et diffuse vers l'espace une forte proportion (environ 35 %) du rayonnement solaire incident ; ce matériau très sec est un mauvais conducteur de la chaleur de sorte que durant le jour sa température s'élève beaucoup, et peut atteindre 70°C par vent faible et, en conséquence, son rayonnement propre devient très grand ; il est peu atténué par l'atmosphère relativement sèche et dépourvue de nuages. Il résulte de ces effets que, bien que ces déserts soient situés assez près de l'équateur, leur bilan radiatif est négatif, c'est-à-dire qu'ils perdent par rayonnement plus d'énergie qu'ils n'en gagnent et s'ils demeurent chauds cela est dû aux transports de chaleur opérés par l'air depuis les régions excédentaires. Le relief et principalement les grands massifs montagneux que sont l'Himalaya et la chaîne qui s'étend de l'Alaska au cap Horn viennent aussi perturber la circulation zonale. Une carte de la répartition de la pression en surface (Fig.27) montre des isobares beaucoup plus voisines des parallèles géographiques dans l'hémisphère Sud, dans l'ensemble maritime, que dans l'hémisphère Nord, plus continental.

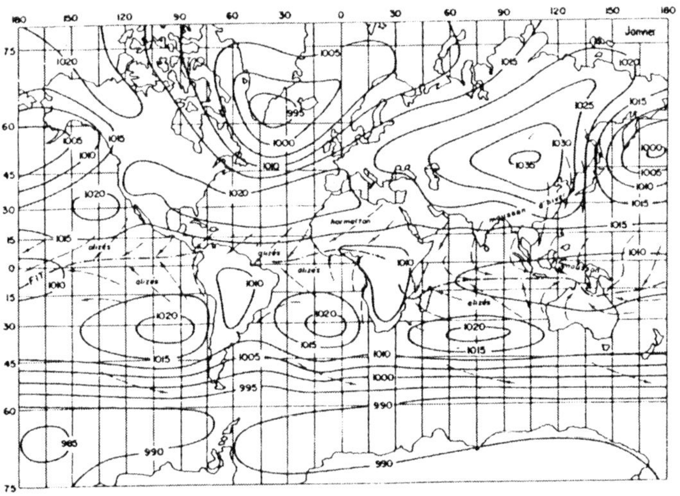

Figure 27. *Répartition de la pression au niveau de la mer et vents réguliers en surface, en janvier ;*
les isobares sont cotées en hPa ; d'après Queney[53]

Le climat de la terre est un tout organique dont les divers éléments sont liés les uns aux autres par des lois physiques. La météorologie établit ces lois et considère les variations du temps comme les écarts à une suite d'évènements commandés en fin de compte par la répartition du rayonnement solaire imposée par les mouvements de la terre, la répartition des océans, des continents avec leur relief et leur végétation et la composition de l'atmosphère devenue un élément essentiel de la science atmosphérique. Depuis que l'on commence à réaliser que les activités humaines peuvent accroître l'effet de serre et ainsi modifier le climat, la climatologie est devenue à la mode. On s'est mis à scruter les climats du passé pour y chercher des indications qui permettraient peut-être de prédire le climat à venir ou tout au moins qui nous rassureraient en nous montrant que les oscillations et les catastrophes que nous connaissons se sont déjà produites.

[53] Queney P. 1974, *ibid*

Cet organisme, pour reprendre l'expression de Vidal de La Blache, que constitue l'atmosphère, est sensible à des altérations de telle ou telle de ses parties, comme le corps humain peut être affecté tout entier par un organe malade. Le tableau III, publié par la NOAA (1997), montre les effets de l'épisode El Niño de 1982-83 (voir ENSO*), particulièrement violent il est vrai, sur une grande partie de la terre.

Le climatologiste n'est plus celui qui calculait laborieusement des moyennes de données recueillies par le météorologiste, mais celui qui explique (ou tente d'expliquer) le fonctionnement de la machine atmosphérique. Utilisant les plus gros ordinateurs qui existent au monde, ces instruments puissants et mystérieux, il peut annoncer l'avenir comme faisait Nostradamus (Michel de Nostre-Dame, 1503-1566) dans ses *Centuries* aux textes obscurs, tel ce quatrain, où l'on peut voir à la fois l'annonce de la canicule de 2003 en France et celle du tsunami qui a ravagé Sumatra en 2005 :

Mars et Mercure et l'argent ioint ensemble,
Vers le midi extrême siccité
Au fond d'Asie on dira terre tremble,
Corinthe, Éphèse lors en perplexité.

Tous les décideurs sont suspendus aux paroles du climatologiste, comme l'étaient les rois et reines Valois et leur entourage à celles du médecin provençal.

Il est difficile à celui qui n' « en » est pas de contredire le climatologiste. La tâche du météorologiste, par comparaison, paraît mineure et surtout ingrate ; son rôle est de prévoir les anomalies, les hésitations de la machine atmosphérique ; la moindre de ses erreurs est immédiatement relevée et moquée, tandis que le climatologiste ne craint pas d'être contredit. D'ici vingt, cinquante ou cent ans, même s'il s'est trompé dans ses prévisions, personne ne viendra le lui reprocher.

Tableau III.

Les effets d'El Niño en 1982-1983

Lieu	Anomalie	Effets majeurs	Coût
E.U. Etats des montagnes et du Pacifique	tempêtes	45 morts	1,1 milliard de $
E.U. états du golfe du Mexique	inondations	50 morts	$1,1 milliard de $
Hawaï	ouragan	1 morts	230 millions de $
Nord-Est des E.U.	tempêtes	66 morts	n/a
Cuba	inondations	15 morts	170 millions de $
Mexique et Amérique centrale	sécheresse	n/a	600 millions de $
Equateur et Pérou septentrional	inondations	600 morts	650 millions de $
Pérou méridional et Bolivie occidentale	sécheresse	n/a	240 millions de $
Brésil méridional, Argentine septentrionale et Paraguay oriental	inondations	170 morts, 600 000 réfugiés	3 milliards de $
Bolivie	inondations	50 morts, 2600 sans abri	300 millions de $
Tahiti	ouragan	1 mort	50 millions de $
Australie	sécheresse, incendies	71 morts, 8 000 sans abri	2,5 milliards de $
Indonésie	sécheresse	340 morts	500 millions de $
Philippines	sécheresse	n/a	450 millions de $
Chine méridionale	temps humide	600 morts	600 millions de $
Inde méridionale, Sri Lanka	sécheresse	n/a	150 millions de $
Moyen-Orient, surtout Liban	froid, neige	65 morts	50 millions de $
Afrique australe	sécheresse	maladie, famine	1 milliard de $
Péninsule ibérique, Afrique du Nord	sécheresse	n/a	200 millions de $
Europe occidentale	inondations	25 morts	200 millions de $

Source: NOAA 1997

Glossaire

Adiabatique. Qualifie un processus au cours duquel le système qui effectue ce processus n'échange pas de chaleur « avec le reste du monde ».

Anticyclone. Sur une surface horizontale, un anticyclone est une portion de l'atmosphère où la pression est plus grande qu'alentour ; sur une surface isobare, c'est une portion de l'atmosphère où l'altitude est plus grande qu'alentour.

Beaufort (échelle de). En l'absence d'anémomètre, la vitesse du vent était estimée d'après divers effets des mouvements de l'air d'où l'on déduisait une valeur de la « force du vent » selon une échelle numérique allant de 0 à 12 nommée échelle de Beaufort (du nom d'un amiral britannique qui l'introduisit en 1805). Cette échelle est encore couramment utilisée par les marins et elle a été étendue au-delà de la force 12.

Benthique. Adjectif caractérisant l'ensemble des organismes vivant au fond de la mer.

BP. BP est l'abréviation de l'expression anglaise *before present* qui peut être traduite par « avant l'époque présente » ; cette époque a été fixée à l'année 1950.

Buys-Ballot (loi de). La loi de Buys-Ballot prescrit que le vent, en dehors de la couche de frottement, souffle de telle sorte qu'il laisse les hautes pressions à sa droite et les basses pressions à sa gauche, dans l'hémisphère Nord. C'est l'inverse dans l'hémisphère Sud. Cette loi ne s'applique pas au voisinage de l'équateur.

Cérébrovasculaire (maladie). Maladie présentant des symptômes de dommage cérébral attribuable à une insuffisance vasculaire.

Convection. En météorologie, on appelle convection les mouvements verticaux de l'air, qui sont en général dus à l'instabilité* hydrostatique. Celle-ci apparaît notamment quand de l'air froid surmonte de l'air plus chaud. Lorsque ces mouvements atteignent les hautes couches (500 hPa ou plus haut) de la troposphère, on parle de convection profonde.

Coriolis (paramètre et force de). Le paramètre de Coriolis f a pour expression $f = 2\Omega \sin\varphi$, où Ω est la vitesse angulaire de la terre soit $2\pi/86\,164\ s^{-1}$ (la terre faisant un tour sur elle-même en un peu moins d'un jour) et φ est la latitude.

La force de Coriolis est une force qu'il faut introduire dans les équations mécaniques lorsque le système d'axes de référence est lié à la surface de la terre ; pour une masse unité, elle est égale à $2\mathbf{\Omega} \wedge \mathbf{V}$, où $\mathbf{\Omega}$ est le vecteur vitesse angulaire de la terre et $\mathbf{V}$ la vitesse. La composante horizontale de cette force est perpendiculaire à la vitesse horizontale ; toutes choses égales par ailleurs elle est maximum aux pôles (en valeur absolue) et nulle à l'équateur. Sa composante verticale est nulle aux pôles et maximum à l'équateur. La force de Coriolis est une force très petite que l'on ne prend en compte que dans les mouvements atmosphériques de grande échelle*.

Corrélation. La corrélation considérée ici est la corrélation linéaire entre deux séries temporelles x(t) et y(t), où t est le temps. On suppose connus les couples de valeurs (x_i, y_i) à des instants $t_1, \ldots t_i, \ldots t_n$. Le coefficient de corrélation linéaire r entre les variables x et y est $r = \frac{1}{n}\sum (x_i - \bar{x})(y_i - \bar{y})/(\sigma_x \sigma_y)$, où x_i et y_i sont les valeurs que prennent x et y à l'instant t_i et σ_x et σ_y sont les écarts-types* des séries temporelles x et y ; $\bar{x}$ et $\bar{y}$ sont les valeurs moyennes de ces séries.

r est toujours compris entre – 1 et +1. Si r = 1 (ou – 1), y est une fonction linéaire croissante (ou décroissante) de x. Si r = 0 il n'y a aucune corrélation entre x et y. Si $-1 < r < 1$, selon la valeur de r et celle de n, nombre d'éléments des séries, on pourra considérer qu'il existe un lien – une corrélation entre x et y. Pour une même valeur de n, plus r est grand en valeur absolue et plus les séries sont étroitement corrélées.

Courant (ligne de). Sur une surface, une ligne de courant est une ligne partout tangente au vent.

Cycle (solaire). La périodicité de l'activité solaire, appelée cycle solaire varie de 9 à 14 ans environ et vaut en moyenne 11,2 ans.

Pendant ce cycle, le champ magnétique du soleil varie mais ce qui a d'abord frappé les observateurs, c'est la variation du nombre des taches (voir figure). Le nombre de Wolf, RI, établi en 1848 par le Suisse Rudolf Wolf (1816-1893), exprime l'intensité de l'activité solaire.

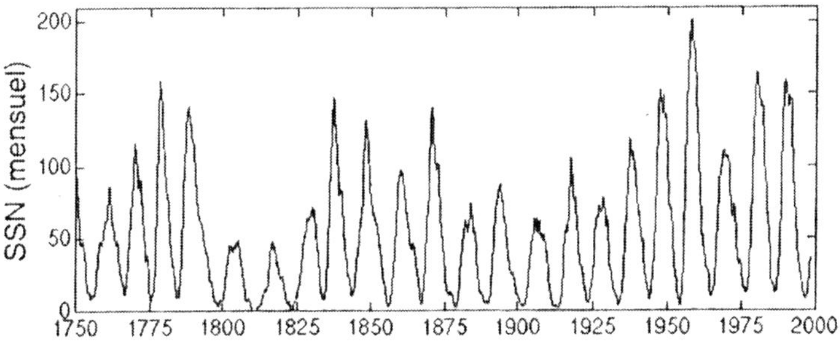

RI = k (10g + f), où f est le nombre de taches, g le nombre de groupes de taches (une tache isolée constituant un groupe), k est un coefficient de correction qui dépend des conditions d'observation (lieu, instrument, visibilité). Le Sunspot number (SSN) est une moyenne mensuelle glissante du nombre de taches, faite sur six mois ou sur un an. Le cycle solaire a une influence sur l'ionosphère qui est la couche de l'atmosphère terrestre où la proportion de particules ionisées est assez grande (et qui a une action sur la propagation des ondes radioélectriques), sur l'échauffement de l'atmosphère et sur sa masse volumique dans les hautes couches (où circulent certains satellites) ainsi que sur la chimie de la haute atmosphère.

Déclinaison magnétique. La déclinaison magnétique est l'angle que fait l'aiguille de la boussole avec le Nord géographique ; elle peut être ouest ou est.

Déclinaison (du soleil). La déclinaison du soleil est l'angle de la direction du soleil avec le plan équatorial. Elle varie entre 23° 26' 21'' au solstice d'été et – 23° 26' 21'' au solstice d'hiver, de l'hémisphère Nord, à notre époque.

Diabatique. Qualifie un processus au cours duquel le système échange de la chaleur avec son environnement ; son contraire est adiabatique*.

Distance. La distance utilisée pour le calcul des réanalyses est la distance euclidienne pondérée. Soit, pour simplifier, deux observations de température T_1 et T_2 en provenance de deux stations S_1 et S_2, et désignons par T_{a1} et T_{a2} les températures de la réanalyse à déterminer. On les choisit de sorte que $\{[(T_{a1} - T_1)^2/\sigma_1 + (T_{a2} - T_2)^2/\sigma_2]/2\}^{1/2}$ soit minimum ; σ_1 et σ_2 sont les écarts-types* des erreurs d'observations faites aux stations S_1 et S_2. Dans la pratique la distance s'évalue à l'aide de toutes les observations recueillies dans les vingt-quatre heures précédentes, température mais aussi humidité, vent, etc. La division par l'écart-type est une manière de pondérer la mesure par la qualité des observations et aussi d'obtenir des grandeurs sans dimension qu'il est possible de sommer.

Divergence (voir à la suite les définitions du *tourbillon* et du *tourbillon potentiel*). La divergence est un terme utilisé en mécanique des fluides. Soit un champ de vitesse de l'air donné sur une surface horizontale **V**(x,y), où Oxy représente un système de coordonnées orthonormé. Soit u la composante de la vitesse selon Ox et v sa composante selon Oy. La divergence horizontale de **V** est

$div\,\mathbf{V} = \dfrac{\partial u}{\partial x} + \dfrac{\partial v}{\partial y}$ où $\dfrac{\partial u}{\partial x}$ et $\dfrac{\partial v}{\partial y}$ expriment les dérivées partielles par rapport à x et à y respectivement, au point (x,y). On dit que le champ de vitesse est convergent en ce point si div $\mathbf{V} < 0$, divergent si div $\mathbf{V} > 0$.

Le *tourbillon* peut se définir de la manière suivante. Soit à nouveau, un champ de vitesse $\mathbf{V}(x,y)$. Le tourbillon τ est la composante verticale du rotationnel du vent, ce que les anglo-saxons appellent *vorticity*. Il a pour expression :

$$\tau(x, y) = \frac{\partial u}{\partial y} - \frac{\partial v}{\partial x}$$

En ajoutant à τ le paramètre de Coriolis* f on obtient le tourbillon absolu.

Le *tourbillon potentiel* (en anglais *potential vorticity* PVT) est le produit scalaire du tourbillon absolu (pris avec toutes ses composantes, c'est-à-dire le rotationnel du vent dans un système galiléen) par le gradient de la température potentielle* et divisé par la masse volumique de l'air. PVT est une grandeur peu utilisée par les climatologistes, mais elle est de plus en plus en vogue parmi les météorologistes car elle se conserve lors de tout processus adiabatique*.

Écart-type. Soit une grandeur A pouvant prendre les valeurs A_1, …A_i, …A_n, aux instants t_1, …t_i, …t_n. Son écart – type est $\sigma = \sqrt{\sum(A_i - \overline{A})^2 / n}$ où $\overline{A}$ est la moyenne* de A.

Échelle. En météorologie, on peut définir les échelles de temps et d'espace d'un mouvement atmosphérique par la fréquence et la densité des observations nécessaires à le décrire correctement.

L'échelle de temps est le temps qui sépare deux mesures consécutives et caractérise la vitesse d'évolution du mouvement. L'échelle d'espace, dans une direction donnée est l'espacement des observations dans cette direction ; elle caractérise la finesse des détails de structure du mouvement et pas nécessairement son étendue. Les échelles de temps et d'espace d'un phénomène sont souvent liées.

Certains auteurs appellent échelle d'espace d'un phénomène son étendue horizontale et échelle de temps sa durée.

Il faut prendre garde à ne pas confondre l'échelle d'une carte de géographie et l'échelle d'un phénomène. Un phénomène météorologique de grande échelle doit être représenté sur une carte de petite échelle.

Énergie mécanique. L'énergie mécanique d'une masse ponctuelle m est la somme de son énergie cinétique et de son énergie potentielle. Si m est animée de la vitesse **v**, dans un certain repère, son énergie cinétique dans ce repère est $e = m\, v^2/2$, où v est le module de **v**. Son énergie potentielle de pesanteur (c'est-à-dire dans le champ de la pesanteur) est mgh, si h est son altitude et g la grandeur de l'accélération de la pesanteur (en admettant que g soit indépendant de l'altitude). En l'absence de frottement et de force motrice, l'énergie mécanique se conserve.

ENSO (et LNSO). Initiales de l'expression hispano-anglo-saxonne El-Niño-Southern-Oscillation ; les météorologistes francophones ne l'ont pas traduite mais disent volontiers Oscillation Australe au lieu de Southern Oscillation.

Un courant marin froid, appelé courant de Humboldt, circule du sud vers le nord le long de la côte ouest de l'Amérique du Sud. Il est alimenté, au cours de son trajet, par des remontées d'eau froide dues aux phénomènes d'upwelling*, provoqué par les vents alizés qui chassent l'eau de surface loin de la côte, ainsi cette eau de surface, relativement chaude, est remplacée par de l'eau plus froide des profondeurs. Le phénomène El-Niño consiste en ceci. Certaines années, les alizés sont faibles et les remontées d'eau froide moins fortes. Un petit courant de sud-ouest s'établit le long des côtes de l'Équateur et du Pérou. Parfois, la température de l'eau augmente de 1°, 2° et jusqu'à 5°C. Comme ce réchauffement commence à se faire sentir vers Noël il est appelé El-Niño, qui signifie l'enfant Jésus en espagnol. Ce réchauffement a des conséquences économiques locales importantes car l'eau chaude est moins riche que l'eau froide en phytoplancton, donc les poissons y sont moins nombreux, ce qui finit par affecter les hommes eux-mêmes. Il affecte aussi le climat d'une grande partie de la planète car il est lié à l'Oscillation Australe (voir tableau III).

Celle-ci peut être décrite de la manière suivante. En temps normal, la pression atmosphérique en surface est plus grande sur le Pacifique Est que sur l'océan Indien ; durant l'ENSO, c'est l'inverse. On n'a pas trouvé de périodicité nette à l'ENSO ; son temps de retour est compris entre un et sept ans. On a recensé cent-vingt-et-un évènements El-Niño depuis la découverte du Pacifique par Balboa en 1513 ; dix ont été qualifiés de très forts en comptant ceux de 1982-83 et de 1997-98.

LNSO sont les initiales de La-Niña-Southern-Oscillation. On nomme ainsi les époques où l'augmentation de la température de l'océan Pacifique oriental est faible ; c'est en quelque sorte le contraire de l'ENSO.

Étésiens (vents). Les vents étésiens sont des vents de nord à nord-ouest, en général assez forts, qui soufflent en été (mai-octobre) sur la mer Égée, et l'est du bassin méditerranéen ; ils atteignent l'Égypte et la mer Rouge (voir figure 12).

Évapotranspiration potentielle (et réelle). C'est la masse de vapeur d'eau par unité de surface que peut évaporer un sol couvert de végétation, lorsque la quantité d'eau disponible dans le sol n'est pas un facteur limitant. Elle est évaluée, par exemple, en kg d'eau par m^2 et par jour. Lorsque le sol est nu on parle d'évaporation potentielle.

L'évapotranspiration réelle est la masse d'eau par unité de surface qu'évapore un sol couvert de végétation. Elle s'évalue comme l'évapotranspiration potentielle.

Excentricité (de l'orbite de la terre). On appelle excentricité e d'une ellipse, dont le demi-grand axe est a et le demi-petit axe b, le rapport e = $[(a^2 - b^2)/a^2]^{1/2}$. L'excentricité de l'orbite terrestre aujourd'hui est e = 0,0167. Cette excentricité varie en fonction du temps et possède deux périodes de variations principales de 400 000 et 100 000 ans environ.

Filtre (numérique). Une série finie de nombres peut être représentée par une somme de sinusoïdes de différentes périodes. Le filtrage de cette série consiste à appliquer à ses éléments diverses opérations numériques de façon que l'amplitude de certaines sinusoïdes soit atténuée mais que leur période soit inchangée. On parle d'un filtre passe-bas lorsqu'il atténue les courtes périodes (hautes fréquences) et d'un filtre passe-haut lorsqu'il atténue les grandes périodes (basses fréquences). Un filtre passe-bande atténue les courtes et les longues périodes, ne laissant passer que les sinusoïdes dont les périodes sont comprises dans un intervalle (une bande) de périodes voisines d'une période donnée. Le gain du filtre est le quotient de l'amplitude de la sinusoïde après filtrage par son amplitude avant filtrage. Il dépend de la période et il est toujours compris entre 0 et 1.

FLOP. Le FLOP est une vitesse de calcul d'une opération par seconde en virgule flottante*.

Flottante (virgule). Dans un ordinateur, un nombre réel R est généralement transcrit en binaire de la manière suivante :

$R = (-1)^S \times 2^{(E-127)} \times (1 + M/8388608)$.

Il est prévu 1 bit pour S (le signe), 8 bits pour E (l'exposant) et 23 bits pour M (la mantisse) soit au total 32 bits. Il existe d'autres systèmes de transcription des nombres dans les ordinateurs.

Fourier. Joseph Fourier (1768-1830) a montré que la plupart des fonctions f(x) rencontrées en physique peuvent s'exprimer par une somme, généralement infinie, de sinusoïdes.

Front. La notion de front a été introduite vers 1920 par des météorologistes scandinaves pour expliquer la formation des perturbations cycloniques qui circulent d'ouest en est sur l'Atlantique Nord. Dans son acception la plus simple un front (ou mieux une surface frontale) est une couche d'air inclinée par rapport au sol, peu épaisse mais très étendue horizontalement, qui sépare deux masses d'air qui ont des caractéristiques différentes, de température et d'humidité principalement. Dans chacune de ces masses d'air les gradients* horizontaux sont petits et beaucoup plus grands dans la couche frontale. L'intersection de cette couche avec le sol est portée sur les cartes et s'appelle un front.

Géopotentielle (altitude). C'est le travail qu'il faut fournir à l'unité de masse pour l'élever du niveau zéro (surface du géoïde) au niveau de pression considéré. Afin d'avoir une altitude en mètres, ce travail doit être divisé par l'accélération $g_0 = 9{,}806\ 65\ ms^{-2}$, valeur conventionnelle voisine de l'accélération de la pesanteur à la latitude de 45°, en surface.

Gradient. Soit une grandeur *A* qui prend une valeur bien définie en chaque point de l'espace comme, par exemple, la température de l'air, et soit un système d'axes orthonormé *Oxyz*. Le gradient de A en un point (x,y,z), qui se note $\mathbf{grad}A(x,y,z)$, est un vecteur dont les composantes sur les trois axes sont respectivement $\frac{\partial A}{\partial x}, \frac{\partial A}{\partial y}, \frac{\partial A}{\partial z}$.

Humidité (relative, spécifique). L'humidité relative de l'air est le quotient de la pression de la vapeur d'eau e par la pression saturante de la vapeur d'eau e_w à la température T de l'air qui, à l'équilibre, règne au-dessus d'une étendue d'eau pure et plane. e_w est une fonction croissante de T.

L'humidité spécifique q est le quotient de la masse de la vapeur d'eau par la masse de l'air qui la contient. On montre que $q \sim 0{,}622\ e/p$, où p est la pression de l'air.

Hypsométrie (barométrique). C'est la mesure des altitudes à l'aide d'un baromètre sur lequel une échelle fait correspondre pression et altitude. Cette échelle est calculée une fois pour toutes moyennant l'hypothèse que l'atmosphère possède une répartition verticale de température donnée ; dans la troposphère*, on admet une décroissance verticale de 6,5 °C/km. Un ajustement de l'échelle des altitudes doit être fait peu avant la lecture de l'instrument à l'aide d'une mesure de la pression en un lieu dont on connaît l'altitude.

Inclinaison. L'axe de rotation de la terre, ou axe des pôles, est incliné sur l'écliptique qui est le plan de l'orbite terrestre, de sorte que celui-ci et l'équateur font aujourd'hui un angle voisin de 23° 27'. Cet angle varie entre 22° et 25° environ en fonction du temps, avec une période de l'ordre de 41 000 ans.

Instabilité voir stabilité

Isohyète. Sur une isohyète, la hauteur de la pluie recueillie dans un temps donné est égale à une valeur donnée. Les isohyètes mensuelles et annuelles sont les plus fréquemment utilisées ; elles sont cotées en millimètre d'eau par mois ou par an.

Isoplethe. Il s'agit ici d'une ligne (tracée sur une carte thématique) sur laquelle un paramètre a une valeur constante.

Isotope. Les isotopes sont des éléments qui ont les mêmes propriétés chimiques générales qu'un autre élément mais des masses (nombre de neutrons) différentes.

Khamsin. C'est un très gros tourbillon qui se déplace d'ouest en est sur le nord du Sahara. Sa trajectoire passe le plus souvent sur terre (Libye, Égypte) où il soulève la poussière des sols secs. Il traverse parfois l'est de la Méditerranée où il se charge de vapeur d'eau ; alors il peut causer de fortes pluies en arrivant sur les montagnes d'Israël, du Liban et de Syrie.

Modèle. Dans son acception météorologique, un modèle est un ensemble de relations mathématiques qui traduisent plus ou moins fidèlement les phénomènes physico-chimiques de l'atmosphère et permettent de prédire l'état de celle-ci à l'instant t + Δt lorsque l'on connaît cet état à l'instant t.

Mousson. La mousson est un mot d'origine arabe, qui peut signifier saison. Dans le vocabulaire météorologique, il désigne une oscillation de période annuelle de la direction du vent d'au moins 120°. La mousson la plus étudiée est la mousson indienne qui est la succession des vents de nord-est hivernaux (la mousson d'hiver) et des vents de secteur sud estivaux (la mousson d'été). Une oscillation analogue s'observe dans le Sud-Est asiatique et en Afrique de l'Ouest.

Mouvement (quantité de). Soit une masse ponctuelle m animée d'une vitesse v dans un certain repère ; sa quantité de mouvement dans ce repère est $\mathbf{p} = m\mathbf{v}$. Si la résultante des forces extérieures s'exerçant sur un système est nulle, sa quantité de mouvement demeure constante.

Moyenne. Il s'agit ici de la moyenne arithmétique temporelle. Soit une grandeur A, prenant les valeurs A_1, ...A_i, ...A_n aux instants régulièrement espacés t_1, ...t_i, ...t_n la moyenne de A est

$$\bar{A} = (\Sigma A_i)/n.$$

Nébulosité. La nébulosité d'une maille (dans un découpage de la terre en un réseau) est la fraction de celle-ci couverte par les nuages. On distingue parfois la nébulosité par nuages élevés, moyens ou bas ; elle est donnée généralement en pour cent.

Dans les stations météorologiques qui font des observations depuis le sol, la nébulosité s'exprime en octas. Un octa est un angle solide de $\pi/4$; un ciel entièrement couvert est coté 8 octas, à moitié couvert, 4 octas.

Noeud. Le nœud est une unité de vitesse, encore très utilisée par les marins. Il est équivalent à un mille par heure, soit environ 1852/3600 # 0,51 ms^{-1}.

Perturbation (cyclonique). Une perturbation cyclonique, appelée parfois perturbation extra-tropicale, est un météore des régions tempérées ou polaires, comportant des aires de mauvais temps organisé et dont l'étendue horizontale est de l'ordre de 1 000 à 2 000 km. En règle générale elle s'observe simultanément dans toute l'épaisseur de la troposphère* ainsi que dans la basse stratosphère*.

Phénologie. La phénologie est l'étude de la répartition dans le temps des phénomènes périodiques du cycle de vie des organismes vivants, dans la nature : apparition des bourgeons, des feuilles, des fruits ; date des vendanges ; arrivée, départ des oiseaux migrateurs, etc. Ce cycle est le plus souvent annuel.

Photosynthèse. La photosynthèse est le processus par lequel les plantes pourvues de chlorophylle absorbent le dioxyde de carbone de l'air et fabriquent de la matière sèche. Sous l'action du rayonnement solaire atteignant les feuilles, les molécules d'eau de la plante sont décomposées en dioxygène et atomes d'hydrogène. Le dioxyde de carbone de l'air se combine avec les atomes d'hydrogène pour former CH_2OH et de l'eau.

Planctonique. Adjectif qualifiant l'ensemble des organismes vivant en suspension dans l'eau.

Potentielle (température). La température potentielle d'une particule d'air est la température qu'elle prendrait si elle était amenée à 1 000 hPa selon un processus adiabatique*.

Précession (des équinoxes). Le plan de la trajectoire de la terre autour du soleil, l'écliptique, fait un angle (aujourd'hui d'environ 23° 27') avec le plan équatorial de celle-ci. Le nœud ascendant, ou point vernal, encore appelé équinoxe de printemps (où passe la terre vers le 20 ou le 21 mars), est l'un des deux points d'intersection de cette trajectoire avec le plan équatorial. Ce point se déplace dans le sens rétrograde (la précession) de sorte qu'il est atteint chaque année environ vingt minutes plus tôt que l'année précédente ; il fait un tour en 21 000 ans environ. Le mouvement de précession fait varier la distance terre-soleil au solstice d'été, par exemple. Aujourd'hui, l'apogée (époque où la terre est le plus éloignée du soleil) est début juillet, tout proche du solstice d'été.

Projection (cartographique). Une projection cartographique est une transformation qui fait correspondre de manière bijective un point de la sphère terrestre repéré par ses coordonnées sphériques φ et λ (latitude et longitude) à un point du plan, repéré par ses coordonnées x, y sur la carte. Il existe une infinité de projections cartographiques. Les météorologistes utilisent volontiers les projections conformes qui conservent les angles. Pour certaines cartes thématiques on préfère utiliser des projections équivalentes qui conservent les surfaces. Ces deux types de projections s'excluent.

QBO. La *Quasi-Biennal Oscillation*, ou oscillation quasi-biennale est le remplacement périodique (de période variant entre 24 et 30 mois) des vents d'est par des vents d'ouest, ou inversement. Cette oscillation s'observe dans la stratosphère* équatoriale entre 12°S et 12°N ; le nouveau régime prend naissance au-dessus de 30 km, se propage vers le bas à la vitesse d'environ 1 km par mois et s'éteint au-dessous de 23 km.

Rapport de mélange. Le rapport de mélange de la vapeur d'eau dans l'air est le quotient de la masse de cette vapeur d'eau par la masse de l'air sec. Cette définition peut être étendue à d'autres composants mineurs de l'air, tel l'ozone.

Réseau. Instant où toutes les stations météorologiques font leurs observations. Il y a deux réseaux principaux, 12 et 00 UTC* ; bien souvent on y ajoute les réseaux de 06 et 18 UTC.

Rose (des vents). Sur un plan, une image des directions cardinales s'obtient en divisant le tour en n secteurs égaux. Une rose de 8 par exemple est faite de 8 secteurs de 45 degrés chacun. Dans le passé on a utilisé des roses de 16 et de 32, mais le codage des vents dans les bulletins météorologiques se fait aujourd'hui sur une rose de 36 ; chaque secteur fait un angle de 10 degrés.

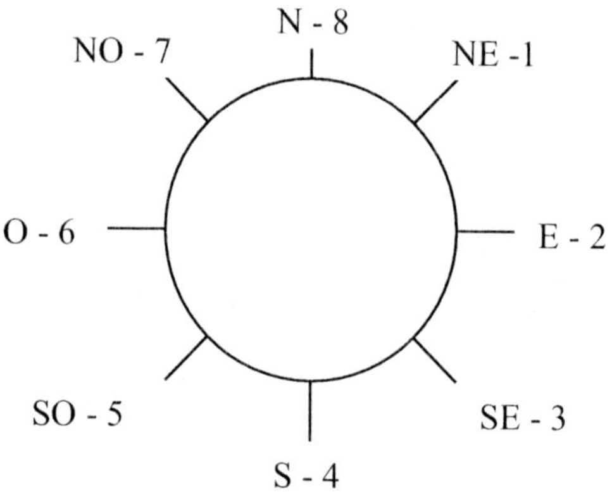

Exemple de rose de huit

Royal Meteorological Society. Cette société regroupe environ 3000 personnes qui s'intéressent à la météorologie et à la climatologie, au Royaume-Uni. Elle publie notamment une revue : *The Quarterly Journal of the Royal Meteorological Society*. C'est la société météorologique d'Europe dont les membres sont les plus nombreux.

Rugosité. On appelle paramètre de rugosité z_0 le terme que l'on introduit dans la relation $U(z)=(U^*/K)\ Ln(z/z_0)$, qui exprime la vitesse U du vent en fonction de la distance z au sol dans la couche d'air la plus voisine de celui-ci.

$U^*=(\tau / \rho)^{1/2}$, où τ est une constante et ρ la masse volumique de l'air ; K est la constante de Karman, K=0,4. La rugosité z_0 vaut approximativement 1/30e de la hauteur des obstacles situés au sol. L'expression ci-dessus n'a de sens que lorsque $z \geq z_0$, c'est pourquoi certains auteurs l'écrivent :

$U(z)=(U^*/K)\ Ln[(z+z_0)/z_0]$, ainsi la vitesse est nulle à $z = 0$.

satellite (artificiel). Parmi les satellites artificiels, on distingue les satellites géostationnaires et les satellites à défilement.

Un satellite géostationnaire tourne autour de la terre en 24 heures. Placé dans le plan équatorial terrestre, la somme des forces qui lui sont appliquées est nulle, de telle sorte qu'il est immobile par rapport à la terre. Cet équilibre est réalisé sur un cercle concentrique à la terre, de rayon égal à environ 42 000 km. Les satellites géostationnaires européens Météosat et MSG (Météosat Seconde Génération) sont situés au point de coordonnées 0° ; 0°, qui se trouve dans le golfe de Guinée, au sud du Ghana.

Les satellites à défilement sont mobiles par rapport à la terre. Certains d'entre eux ont des orbites qui passent assez près des pôles et choisies de telle sorte qu'ils reviennent chaque jour, à la même heure au-dessus du même point de la terre. On les qualifie d'héliosynchrones. Leur période de révolution est de l'ordre de 100 minutes.

serre (effet de). L'effet de serre en un point de la surface de la terre est la différence entre le rayonnement infra-rouge émis par ce point vers le haut et le rayonnement quittant l'ensemble terre – atmosphère au-dessus de ce point. Cette différence dépend notamment des nuages, des aérosols et des gaz à effet de serre dont les principaux sont aujourd'hui la vapeur d'eau, le dioxyde de carbone, l'ozone, le méthane, etc. On sait que la teneur de l'air en dioxyde de carbone a été beaucoup plus grande dans le passé qu'elle n'est aujourd'hui (environ $3{,}6\ 10^{-4}$en volume) car on retrouve ce carbone atmosphérique dans les carbonates des roches.

Significative (moyenne statistiquement). Une moyenne statistiquement significative (pour un niveau de confiance choisi), est la moyenne d'un échantillon de valeurs suffisamment nombreuses pour que la moyenne de la population dont l'échantillon est extrait puisse être estimée avec une précision donnée. Cette précision dépend du niveau de confiance choisi, de la longueur de l'échantillon et de l'écart-type* de la population, d'ailleurs calculé sur l'échantillon.

Solaire (constante). La constante solaire est la puissance par unité de surface du rayonnement solaire que l'on recevrait à la limite supérieure de l'atmosphère sur une surface placée perpendiculairement aux rayons du soleil. La valeur admise aujourd'hui est 1368 Wm^{-2} ; c'est une moyenne calculée sur un an car la distance entre la terre et le soleil varie au cours de l'année de sorte que la puissance reçue au périhélie (2 janvier) est plus grande (3,43 %) tandis qu'elle est plus petite (3,26 %) à l'aphélie (2 juillet).

Sondeur (vertical). Un sondeur vertical est un ensemble de radiomètres, ouverts dans des bandes de longueur d'onde proches, porté par un satellite. Il permet d'évaluer la répartition verticale d'un paramètre météorologique dans l'atmosphère : température, humidité, ozone, etc.

Spectre (de puissance). Soit une série temporelle f(t) où t est le temps. Elle peut être représentée par la superposition d'une valeur moyenne et de composantes périodiques exprimées en termes de fonctions circulaires élémentaires, sinus et cosinus. L'analyse spectrale détermine les amplitudes relatives de ces fonctions. Le spectre de puissance fournit ces amplitudes en fonction de la période (ou de la fréquence) des composantes.

Spectrométrie (de masse). Dans son principe, la spectrométrie de masse est une opération qui consiste à ioniser des molécules A, qui deviennent A^+ puisqu'elles ont perdu un électron. On accélère alors les particules ionisées puis on les dévie grâce à un champ magnétique. La déviation des particules est proportionnelle à leur masse, ce qui permet notamment de distinguer ^{18}O de ^{16}O.

Stabilité (hydrostatique). On dit que la répartition verticale de la température de l'air en un point est stable du point de vue hydrostatique si l'air étant en équilibre en ce point, tout déplacement vertical infinitésimal et adiabatique*, d'une particule d'air, vers le haut ou vers le bas, fait apparaître une force qui tend à ramener la particule à sa position initiale. Si le déplacement fait apparaître une force qui tend à écarter encore davantage la particule de sa position initiale, la répartition est dite instable.

Stormtrack. Expression d'origine anglo-saxonne signifiant trajectoire des orages. Ce mot sert parfois à désigner le lieu où circulent les perturbations cycloniques sur l'Atlantique Nord, entre la côte Est de l'Amérique du Nord et le nord-ouest de l'Europe.

Stratosphère. La stratosphère est la couche de l'atmosphère située entre la tropopause* et une altitude voisine de 50 km, appelée stratopause, où la température de l'air présente un maximum le long de la verticale. Les mouvements verticaux sont de faible amplitude dans cette couche. La stratosphère contient très peu de vapeur d'eau et la plus grande partie de l'ozone atmosphérique.

Surface. En météorologie, la surface est souvent entendue comme le niveau de la mer ; parfois aussi c'est le niveau 1 000 hPa.

Synoptiques (observations). Les observations synoptiques sont les observations qui sont faites dans les stations météorologiques du monde entier au même instant. Les observations en surface sont transmises dès qu'elles sont achevées et codées sous la forme prescrite par l'Organisation Météorologique Mondiale, dans le message SYNOP.

Thématique (carte). Une carte thématique présente la répartition spatiale d'une grandeur (d'un thème) sur une carte géographique.

Tourbillon voir divergence

Tropopause. La tropopause est la limite supérieure de la troposphère*. À la tropopause, le gradient vertical de la température de l'air varie brusquement lorsqu'on s'élève. Dans la troposphère le gradient vertical est en moyenne de –6° à –7°C/km ; il est légèrement positif dans la stratosphère, juste au-dessus de la tropopause, aux basses latitudes, et nul ou légèrement négatif aux autres latitudes. La tropopause est située vers 17-18 km d'altitude à l'équateur, 11 km environ aux latitudes moyennes et 7 à 8 km aux pôles.

Troposphère. La troposphère est la partie de l'atmosphère située entre le sol et la tropopause*. Dans cette couche, en moyenne, la température de l'air décroît lorsque l'on s'élève à un taux de 6° à 7°C/km. Les mouvements verticaux peuvent être grands dans cette couche.

Turbulence. Dans l'hydrodynamique classique on considère deux sortes de mouvements fluides, les mouvements laminaires, pratiquement continus et les mouvements turbulents qui comportent des surfaces de discontinuité des grandeurs comme la vitesse, la température..., le long desquelles s'effectue le mélange des portions de fluide en contact. En réalité, un mouvement laminaire est le mouvement d'ensemble des molécules auquel se superpose l'agitation de celles-ci (agitation thermique) qui est une turbulence mettant en contact des particules de vitesses différentes. Plus généralement, on peut considérer un mouvement atmosphérique turbulent comme la superposition d'un mouvement d'ensemble assimilable à un mouvement laminaire auquel se superpose un mouvement désordonné de plus petite échelle, ou turbulence. Dans de tels mouvements, la turbulence n'est pas due à l'agitation moléculaire, mais aux mouvements désordonnés de particules d'air beaucoup plus grandes.

Upwelling. Upwelling est une expression anglo-saxonne couramment utilisée en français par les océanographes et les météorologistes. Le phénomène d'upwelling se produit dans l'océan, lorsque le vent souffle assez longtemps dans la même direction pour chasser l'eau de surface, généralement assez chaude, qui est remplacée par de l'eau d'origine plus profonde, généralement plus froide. Le downwelling est l'opposé de l'upwelling.

Variance. La variance v d'une série de mesures $s_1, \ldots, s_n$ est $v = \frac{1}{n}\sum(s_i - \overline{s})^2$, où $\overline{s}$ est la moyenne de la série. En climatologie, la série s est souvent une série chronologique.

Vent (composantes). On décompose généralement le vent selon ses trois composantes (u, v, w ou ω) sur un système d'axes Oxyz, où u est la composante zonale, dirigée vers l'est, v la composante méridienne dirigée vers le nord et w la composante verticale dirigée selon la verticale ascendante. u et v s'expriment en mètre par seconde (parfois en nœud, sachant que 1 nœud ~1852 $m.heure^{-1}$ soit 0,51 $m.s^{-1}$ environ). La composante verticale w est le plus souvent beaucoup plus petite que les composantes horizontales.

La vitesse verticale ω s'exprime en $Pa.s^{-1}$. Au voisinage du sol, où la pression est de l'ordre de 1000 hPa et la température de l'ordre de 15°C, il faut se déplacer verticalement d'environ 8 cm pour faire décroître la pression de 1 Pa. A 500 hPa, une vitesse ω de - 1 $Pa.s^{-1}$ représente une vitesse w d'environ 0,14 ms^{-1}. Lorsque le vent est ascendant ω est négatif puisque la pression décroît lorsque l'on s'élève.

ZCIT. La zone de convergence intertropicale, appelée parfois équateur météorologique, est située au voisinage de l'équateur ; les alizés de nord-est et de sud-est y convergent. La pression en surface y est relativement basse.

Sigles

ACP — Analyse en Composantes Principales

BOMEX — Barbados Oceanographic and Meteorological Experiment (1969)

BP* — Before Present

CEPMMT — Centre Européen pour les Prévisions Météorologiques à Moyen Terme (en anglais ECMWF)

CSTB — Centre Scientifique et Technique du Bâtiment

DPM — Désintégration par minute

ENIA — Electronic numerical integrator and computer

ENSO* — El Niño-Southern Oscillation

ERA — ECMWF reanalyses

ETGA — Expérience Tropicale du GARP dans l'Atlantique (1974 ; en anglais GATE)

ETP* — Évapotranspiration potentielle

FAO — Food and Agriculture Organization of the United Nations (Organisation des Nations Unies pour l'alimentation et l'agriculture)

GARP — Global Atmospheric Research Program

LNSO	La Niña-Southern Oscillation
MSG	Météosat Seconde Génération
NAO	North Atlantic Oscillation (Oscillation de l'Atlantique Nord)
NOAA	National Oceanic and Atmospheric Administration
OMM	Organisation Météorologique Mondiale (Genève)
PDC	Période de croissance
QBO*	Quasi-Biennal Oscillation (Oscillation quasi-biennale)
RI	Nombre de Wolf
SMOW	Standard Mid-Ocean Water
SSM/I	Special Sensor Microwave Imager
SSN	Sunspot number, moyenne glissante (sur six mois ou un an du nombre de taches solaires
PVT	Potential vorticity, en français tourbillon potentiel
TOVS	Tiros Operational Vertical Sounder
UTC*	Universal Time Coordinated
ZCIT*	Zone de convergence intertropicale

Symboles

a demi grand axe d'une ellipse

b demi petit axe d'une ellipse

e excentricité d'une ellipse

f paramètre de Coriolis ; $f = 2\Omega \sin \varphi$, où Ω est la vitesse angulaire de la terre et φ la latitude ; et aussi nombre de taches solaires

F force

g accélération de la pesanteur ; et aussi nombre de groupes de taches solaires

K constante de Karman, K = 0,4

m masse

n nombre d'éléments d'une série

p vecteur quantité de mouvement

p pression atmosphérique

P hauteur des précipitations recueillies dans un temps donné

q humidité spécifique de l'air ; et aussi quantité de chaleur

r coefficient de corrélation*

t	temps
T	temps ; et aussi température
u	composante zonale de la vitesse du vent ; et aussi énergie interne
U, **u**	vitesse horizontale du vent
v	composante méridienne de la vitesse du vent
V, **v**	vecteur vitesse
w	composante verticale de la vitesse du vent ; et aussi travail
γ	accélération
δ	concentration d'une substance
Δ	petite fraction de la grandeur écrite à la suite
ρ	masse volumique de l'air
σ	écart-type* ; et aussi coordonnée verticale
τ	tourbillon relatif, c'est-à-dire composante verticale du rotationnel de la vitesse du vent
ω	composante verticale de la vitesse du vent
Ω	vecteur vitesse angulaire de la terre, $\Omega = 2\pi/86\ 164$ soit $7{,}292\ 115\ 10^{-5}\ s^{-1}$

Bibliographie

Acot P. *L'histoire du climat.* Paris : Perrin, 2003

Angot A. Étude sur les vendanges en France. *Annales du Bureau central météorologique* 1883

Aujac G. *Les prévisions météorologiques en Grèce. La météorologie en Grèce entre science et croyance.* Université de Saint-Etienne, 2003

Baden-Powell R. *Scouting for boys* 1908

Besancenot JP. *Climat et santé.* Paris : PUF, 2001

Brückner E. *Klimaschwankungen.* Wien, 1890

Burpee RW. The origin and structure of easterly waves in the lower troposphere of North Africa. *J Atm Sci* 1972 ; 29 : 77-99

Cadet D, Ovarlez H, Sommeria G. The Balsamine experiment during summer Monex. *Bull Amer Meteor Soc* 1981 ; 62 : 381-88

Coiffier J. Un demi siècle de prévision numérique du temps. *La Météorologie* 2000, 8ème série, 30 :11-31

Diedhiou A, Janicot S, Viltard A, de Félice P, Laurent H. Easterly wave regimes and associated convection over West Africa and tropical Atlantic : results from NCEP/NCAR and ECMWF reanalyses. *Clim Dynamics* 1999 ; 795-822

Flohn H. *Anschauungen über die allgemeine Zirkulation der Erde und ihre klimatische Bedeutung* 1950

Geiger R, Aron RH, Todhunter P. *The climate near the ground* 1927

Guilbert M. Sur la diminution progressive des pluies dans le Calvados. *Ann Soc Météor de France* 1895 : 28-30

Köppen WP. *Die Klimate der Erde.* Leipzig, 1923

Lamb HH. *Climate, present, past and future.* Londres : Methuen and Co, vol 1, 1972 ; et vol 2, 1977

Lapparent A de. *Traité de géologie*. Paris, 1885

Le Roy Ladurie E. *L'histoire du climat depuis l'an mil*. Paris : Flammarion, 1967

Leroy-Gourhan A. *Préhistoire de l'art occidental*. Paris : Lucien Mazenod, 1971

Lorenz E. A study of the predictability of a 28-variable atmospheric model. *Tellus* 1965 ; A17 : 321-33

Nicholson SE, Kim J, Hoopingarner J. *Atlas of African rainfall and its interannual variability*. Tallahassee Florida 32306 États-Unis : 1988

Penck A, Brückner E. *Die Alpen in Eiszeitalter*. Leipzig, 1909

Poincaré H. *La science et l'hypothèse* 1908

Queney P. *Éléments de météorologie*. Paris : Masson, 1974

Reclus E. *Nouvelle géographie universelle*. Paris : Hachette, 1875

Reed RJ, Norquist DC, Recker EE. The structure and properties of African wave disturbances as observed during Phase III of GATE. *Mon Wea Rev* 1977 ; 105 : 317-333

Richardson LF. *Weather prediction by numerical process*. Londres : Cambridge Univ press, 1922

Robic MC. *Revue européenne de géographie* 2004

Slonovsky VC, Jones PD, Davies TD. Instrumental pressure observations and atmospheric circulation from the 17th and 18th centuries : London and Paris. *Int J Climatology* 2001 ; 21 : 285-98

Staszak JF. *La géographie d'avant la géographie, le climat chez Aristote et Hippocrate*. Paris : L'Harmattan, 1995

Sutcliffe R. Changes of climate. *Proceedings of the Rome symposium* 1963 : 277-85

Trenberth K. *Climate system modelling*. Londres : Cambridge Univ press 1993

Légendes des tableaux et figures

Table des matières

Achevé d'imprimer par Corlet Numérique - 14110 Condé-sur-Noireau
N° d'Imprimeur : 39987 - Dépôt légal : avril 2007 - *Imprimé en France*